# 气候变化
# 与能源低碳发展

Climate Change and Low-Carbon Development of Energy

王茂华■主编

邱　林■编著

九州出版社 JIUZHOUPRESS | 全国百佳图书出版单位

# 目录

# 前言

公元1750年以前，人类社会文明的发展几乎完全由碳中性能源（生物质燃料）提供驱动力；1800年，全世界所消费的化石燃料也只有煤炭一种，据估计当年的总消费量可能只有1000万吨标准煤左右；到了2018年，全世界包括煤、石油、天然气在内的化石燃料消费已经达到了168亿吨标准煤。自工业革命以来，为了推进工业文明和现代化进程，人类社会无节制地消耗化石能源。化石能源的燃烧释放了大量的$CO_2$等温室气体，引发了全球变暖。地表的平均温度不断升高，冰川加速融化，海平面持续上升，极端天气增多，这些都已经成为气候变化的严重后果。我们人类要想减缓气候变化，与地球和谐共存，并持续地创造更高的社会文明，必须摆脱对化石燃料的依赖，找到对环境更加友好的替代能源。

当今，世界范围内正在掀起能源技术变革和转型的浪潮，能源技术正在努力向碳中性、低碳甚至是零碳过渡，这些技术包括生物质能、风能、太阳能、水力、地热和核能，等等。然而，从目前技术发展的状况来看，这些能源技术全部取代化石能源还有很长的路要走。虽然市场接受新能源技术已经达到了很高的程度，但这些技术是否可以彻底解决气候变化，是否会带来其他环境影响还是一个值得深入研究的问题。全世界各个国家都高度重视能源发展与气候变化治理之间关系的研究工作，因为这些问题也涉及国家能源安全及经济社会的可持续发展。从某种程度上来说，这方面的研究已经成为迫在眉睫的重要工作。

能源是人类文明发展的生命线，人类的能源利用是影响气候变化的重要因素，能源低碳技术的发展是减缓气候变化的关键手段。本书首先讨论了能源利用与气候变化的联系，进而分析了能源低碳发展的现状与趋势。在能源需求日益增长的背景下，能源技术帮助实现人类文明与生态环境的和谐相处任重而道远。

为了让读者了解气候变化研究与能源低碳技术的最新进展，本书参考了近年来发表的大量学术著作和期刊论文，所引用的数据以权威机构发布的最新数据为主。本书努力用通俗易懂的语言，以图文并茂的形式阐述核心内容。本书主要内容包括以下几个章节：

第一章：能量的起源、储存与释放

能量守恒定律告诉我们，能量只能从一个物体传递给另一个物体，或者从一种形式转变为另外一种形式。本章讨论了能量在宇宙、太阳和地球系统中转移和传递的主要形式。第一节讲述宇宙的所有能量都产生于大爆炸，太阳的能量来自氢原子的核聚变；第二节阐述了地球获得外部能量的唯一途径是接受太阳辐射，太阳辐射的能量与大气中的 $CO_2$ 通过光合作用形成了储存在植物中的化学能，植物和其他有机体经过地质作用转变成化石能源，讨论了化石能源可以被看作一种能量储存介质，这种介质不但储存了地质历史时期的太阳能，同时也封存了地质历史时期大气中的 $CO_2$；第三节介绍了人类文明发展初期使用能源的基本情况，包括了从最初的生物质材料到后来的化石燃料（煤、石油和天然气），着重介绍了这些能源的起源及其在维持人类过去、现在和未来福祉方面的重要作用。

第二章：能量失衡与气候变化

第二章承接第一章，讨论了当额外的太阳能和温室气体加入当今的气候系统中时气候系统如何做出反馈，介绍了地球气候是由地球获得太阳辐射的能量和从大气顶部散发出去的能量之间的平衡关系所决定的。本章介绍和讨论的和气候变化相关的科学知识，包括天气和气候、地表与大气的温度、温室气体和温室效应、气候强迫与反馈、气候模型、碳储库与碳循环。本章最后在第七节讨论了气候变化产生的重要影响和后果，包括海洋温度上升、极端天气、海平面上升、冰冻圈融化、海洋酸化、物种迁移和消失等。

第三章：绿色能源减缓气候变化

当今绿色能源技术引起社会的极大关注，因为这些能源被公认为在减少温室气体排放和减缓气候变化方面起着重要作用。本章讨论了这些能源技术的基本原理、目前在全世界特别是我国的发展状况，以及这些技术的环境影响，具体技术包括太阳能、风能、水力、生物质能、地热能、核能、氢能、新能源汽车技术等。本章在介绍以上能源技术发展现状及应用前景的同时，系统地、客观地分析上述能源技术在实现气候治理方面的作用和局限性，以及一些科学研究所发现的环境问题。

第四章：能源与低碳发展

本章承接上一章讨论该如何评估和选择能源技术。如今我们从传统的化石能源向绿色能源转变，在众多的绿色能源技术中进行选择，依据已经不再仅仅是为了能量密度的提高。一般来说，未来任何一种能源要想在全球能源结构中发挥主导作用，就必须满足若干必要条件，例如成本、环境影响、资源配置等。本章还讨论了降低碳排放不能忽略的重要途径，那就是提高能源使用效率，大幅度减少全球对能源的使用量。最后讨论了绿色能源技术组合在全世界能源转型过程中所发挥的作用。

第五章：气候行动

气候变化是人类现在面对的最主要的环境问题之一，其中最大的挑战是世界各国如何在共同合作的基础上实现必要的温室气体减排。尽管目前存在着一定的全球性协议，但实现协议中的目标将是一项比创建它更难的挑战。联合国是世界上最大的国际政府间合作组织，由它牵头成立了专门致力于解决全球气候变化问题的组织，即政府间气候变化专门委员会（IPCC）。本章详细介绍了该组织的性质、工作内容和取得的主要成果；阐述了目前气候谈判更像是各国之间关于能源、经济、发展和政治的谈判；详细阐述了由联合国提出的碳定价政策的发展现状。

第六章：结语——中国担当

最后一章在总结全书内容的基础上，进一步提纲挈领地讨论了气候变化问题的本质是能源消费问题，气候影响是大自然对我们过度消费化石能源的反馈。人类文明发展和社会进步所需要的物质驱动力一定是某种自然资源，过去是化石能源，未来也许是绿色能源。本章最后介绍了中国作为世界能源生产和消费的大国在保证能源安全、经济可持续发展的情况下，新中国成立七十周年特别是改革开放四十年以来，在能源领域节能环保方面取得的成绩，并着重强调了我国在全球气候治理方面的大国担当精神和行动。

# 第一章 能量的起源、储存与释放

## 一、能量的起源

能量守恒定律告诉我们，能量既不会凭空产生，也不会凭空消失，只能从一个物体传递给另一个物体，或者从一种形式转变为另外一种形式。宇宙中存在的所有能量都起源于一个密度无限大、时空曲率无限大、温度无限高、体积无限小的奇点。奇点也被认为是宇宙最初始的状态，奇点的大爆炸为宇宙提供了中子、质子、电子、光子和中微子等基本粒子。宇宙逐渐冷却后，这些粒子开始形成基本元素，并形成了以氢原子和氦原子为主要成分的星云。星云随后又逐渐变大或者缩小，最后形成了恒星，太阳是太阳系里面唯一的一颗恒星。太阳辐射的能量产生于太阳中氢原子核聚变为氦的过程。太阳中心的温度大约为 1500 万～ 2000 万摄氏度，压强是地球海平面大气压的 3000 亿倍。在这样的极高温压条件下，氢原子被压得很紧，最终聚变形成更大的原子核氦原子核（He）（图 1.1）。核聚变所产生的巨大能量以各种形式从太阳中心辐射出来：紫外线、X 射线、可见光、红外线、微波等。太阳一刻不停地向太空辐射着巨大的能量，其中有一部分能量会到达地球。由于地球和太阳距离大约为 1.5 亿千米，地球表面大气层反射了一部分太阳光，最后真正到达地球表面并被地球吸收的能量仅是太阳辐射总能量的 22 亿分之一。太阳的辐射提供了地球表面上几乎所有物质活动所需要的能量，包括动植物的繁衍生息、人类的生产生活，以及气候系统中风霜雨雪的变化。太阳中的氢的数量是有限的，核聚变耗尽氢原子后，太阳也就不再产生能量。太阳大概已经发光了 45 亿年左右，在 45 亿年的时间里，太阳的半径不断地增长。根据太阳中所含的氢的数量估计，

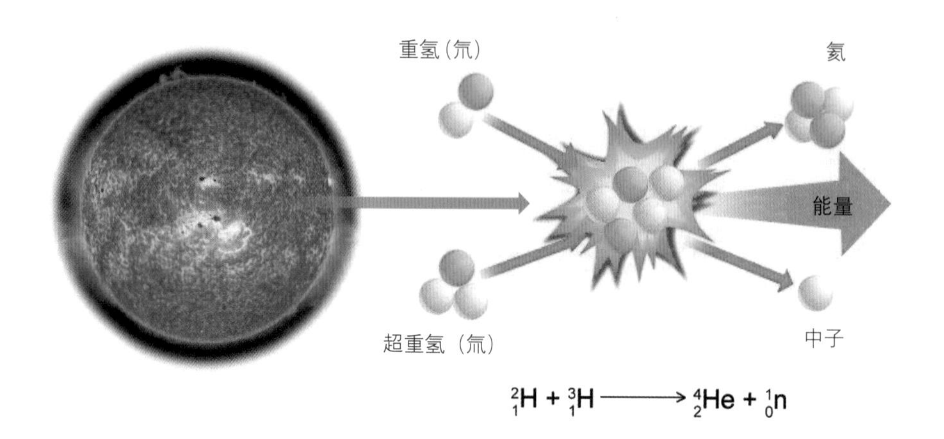


图 1.1　太阳核聚变示意图

太阳可能还会再辐射能量 50 亿年，在此期间，它将继续以相同的速度膨胀，最后膨胀并冷却成一个白矮星。

## 二、能量与 $CO_2$ 的时空转移

太阳光辐射地球表面，地球表面的植物通过光合作用，把阳光中的能量转变成化学物质并储存起来。植物储存的能量可被用来繁衍更多的植物，食草动物通过食用植物获得能量，食草动物的能量又会继续传递给食肉动物。地球上的动植物和其他有机体死亡后，能量也不会消失。在地质作用下，经过上百万年甚至更久的时间，经过高温高压，这些有机体转变成了煤、石油和天然气等我们熟知的化石燃料并埋藏在地下，能量也被保存在其中。当化石能源被开采出地表并燃烧利用时，它们所储存的能量被释放出来并转变成其他形式。从某种角度上讲，我们可以把化石燃料所储存的能量看作是通过植物光合作用储存下来的“古阳光”。植物在储存“古阳光”的同时，也通过光合作用储存了当时大气中的“古 $CO_2$”（图 1.2）。

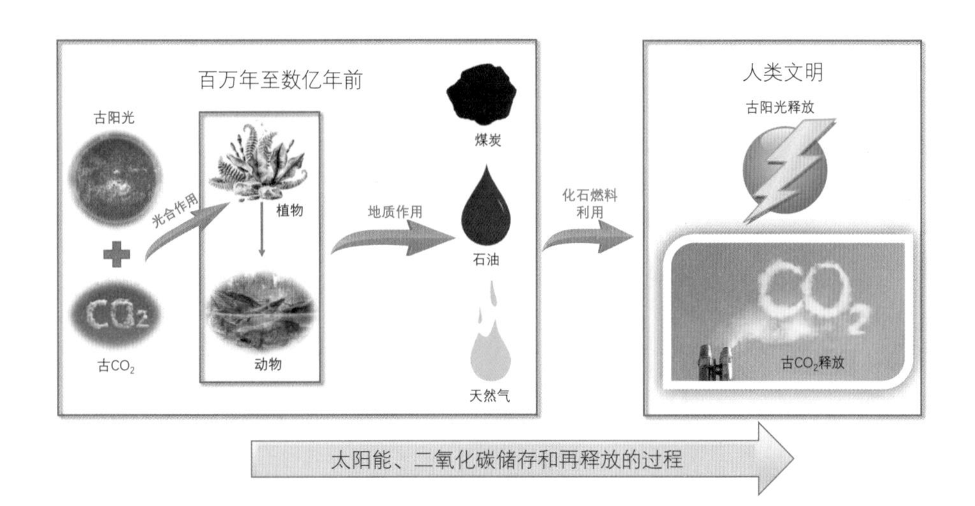


图 1.2 “古阳光”与“古 $CO_2$”通过化石能源进行储存和时空转移的示意图

科学家普遍认为，早期大气和近地表环境中 $CO_2$ 的生成是地球内部脱气过程的结果。在地球形成初期地表逐渐冷却的过程中，火山喷发出大量的二氧化碳（$CO_2$）、水蒸气（$H_2O$）、氨气（$NH_3$）和甲烷（$CH_4$）等气体。这些原始大气促进了早期原始态植物的形成，这些植物开始利用阳光、$CO_2$ 和水进行光合作用。通过光合作用，太阳能被大气中的 $CO_2$ 和植物中的水形成的碳分子键所捕获，太阳能转化为化学能。空气中 $CO_2$ 中的碳元素最终形成了“食物”分子（称为葡萄糖）的一部分，每个分子含有 6 个碳原子（另有 12 个氢原子和 6 个氧原子）。植物利用所捕获能量的一部分来维持生命和繁殖，这个过程称为细胞呼吸，植物完成呼吸作用剩余的葡萄糖分子被用来形成植物的复杂结构。在这一早期演化过程中，由于植物的数量增多、光合作用的加强，大气中 $CO_2$ 浓度逐渐降低，$O_2$ 浓度增加。$O_2$ 浓度的增加又进一步促进植物的生长和进化，植物的生长又把更多的 $CO_2$ 转化为 $O_2$。原始大气中的氧气含量达到一定程度后，就形成了臭氧层，臭氧层可以过滤太阳辐射中对生物有害的紫外线。紫外线的减少促进了从浅海开始到整个陆地表面的生物和物种的进化和多样化。生物的多样性发展为后来化石燃料的形成储备了基本的物质基础。

煤、石油、天然气之所以被称为化石燃料，因为它们是由有生命的动植物经过上百万年甚至亿年的地质作用演变而成，就像化石的形成过程一样。阳光促进植物生长和进化，植物死亡后随着地质活动向地下深处移动，整个过程持续数百万年。在地球深处巨大的压力和高温等作用下，这些有机体残骸变成了我们现在所利用的化石燃料。因此，化石能源被归类为不可再生能源，因为它们需要数百万年甚至上亿年的时间才能形成。当化石燃料被开采和燃烧利用之前，包含于这些物质中的“古阳光”和“古 $CO_2$”都可以看作处于一种休眠状态。

化石燃料被燃烧利用的时候，化学键被破坏，储存在其中的“古阳光”被释放出来。这些“古阳光”带来的能量可以以热的形式直接释放出来，或者被转化成机械能、光和电能等，最终这些能量几乎 100% 以热的形式释放到地球系统中（Flanner, 2009）。在“古阳光”释放的同时，储存在其中的“古 $CO_2$”也同样被释放出来，并排放到地球的大气中。整个化石燃料燃烧释放的过程相当于把地质历史时期的 $CO_2$ 和太阳光，增加到目前的地球系统之中。因此，化石能源的实质是“古阳光”和“古 $CO_2$”的时空传输介质，也就是说，由于化石燃料的使用，在原本自然界已经达到能量平衡和碳循环平衡的系统中，又加入了额外的阳光（能量）和 $CO_2$，那么原有的平衡就会被扰乱和打破，气候系统就会做出反馈和变化，也就是我们现在所看到的气候变化。

## 三、传统能源

### 1. 木材

几千年前，木材是满足人类赖以生存和基本生活需求的唯一能源。比如，食物的加工和供暖都需要使用到木材。木材也是所有能源中获取和使用方式最简单的一种，只需找到、切割和收集，然后点燃，就可以获得储存在木材中的能量。在世界上较温暖的地区收集和储存木材并不像在较冷的地区那样必要，而寒冷地区的木材一般是在夏季收集储存，并在冬季使用的。我们的祖先还发现了另外一种储存木材的方法，就是把木材转化为木炭，木炭比木材具有更高的热值，从而提供了更有效的储存和生产热量的方式。直到 19 世纪 70 年代前，木材、木炭和其他传统能源（如牲畜、水和风车）一直主导着能源的使用。由于木材储存和利用的便利性，现在世界许多地方木材仍然被用作一种主要能源。

### 2. 煤炭

煤是一种可燃烧的黑色或棕黑色沉积岩，含有大量的碳氢化合物，是地球储量最大的化石能源。世界上大部分的煤形成于大约 3 亿年前的石炭纪地质时期。当时地球上覆盖着大面积的沼泽森林，生长着巨大的蕨类植物、芦苇和苔藓。一些植物死亡后掉进了沼泽，随着时间的推移，沼泽地里有一层厚厚的植物开始腐烂。当地球表面发生地质作用时，泥土会被冲进沼泽，之后更多的植物在新涌进的泥土上面生长起来，这样的一个过程不断地循环。数百万年之后，埋在地下深层的植物受到地下的高温和压力的作用，使植物层发生化学和物理变化，迫使氧气排出，留下丰富的碳沉积，这也是煤炭产生的第一步，也就是泥煤的形成。泥煤是一种密度相对较低、

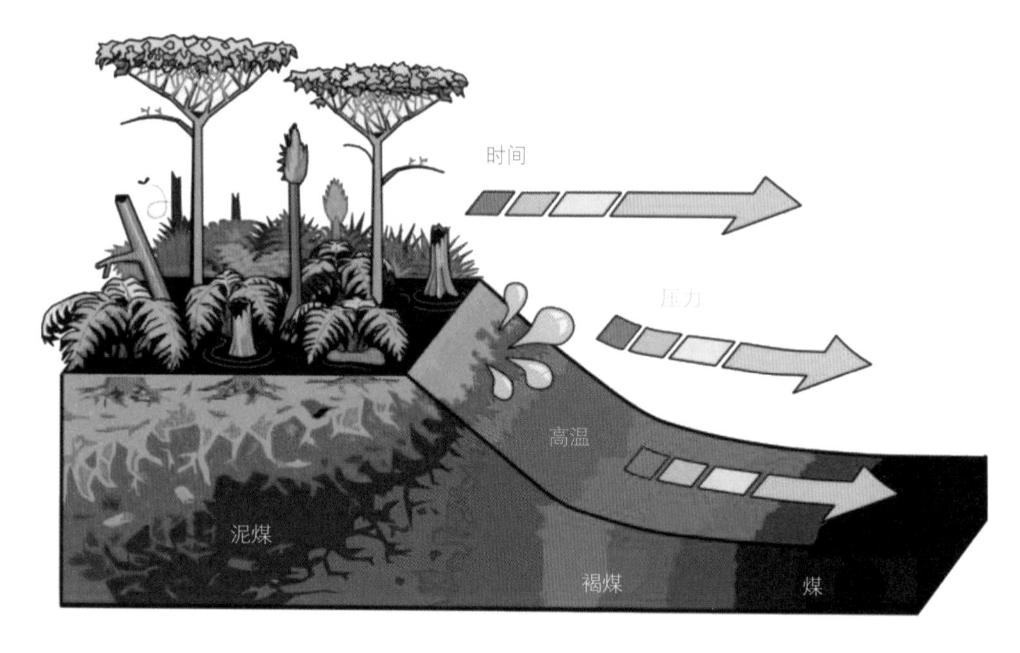


图 1.3　煤炭形成机制示意图

（图片改编自 https://www.ourworldofenergy.com/images/fossil-fuels/vignette_image_3_1.jpg）

富含水分的物质。在泥煤被压实的过程中，沼泽的厌氧环境使细菌得以活动，并导致甲烷的产生和释放。由于甲烷分子中每个碳原子含有 4 个氢原子，因此泥煤中碳的相对丰度相应增加。1 米厚的煤层大约需要 20 ～ 30 米厚的泥煤。在高温和高压的作用下，泥煤不断地被压实，最后形成煤炭（见图 1.3）。煤炭可以直接燃烧来使用，但如今更多的煤炭被用来燃烧发电。煤炭是储量最丰富也是污染最严重的化石燃料。煤炭燃烧排放的污染物通常包括硫氧化物、氮氧化物、汞、许多不同形式的颗粒物，以及大量的温室气体二氧化碳。

### 3. 石油

与煤的情况不同，形成石油的生物体大部分都生活在海洋中，仅有少量石油是由淡水湖泊中的生物体形成的。生活在海洋或者湖泊中的生物的寿命是相对短暂的。陆地上的树木可以存活数百年，而海洋浮游植物和浮游生物的生命周期也许只有短短的几天。大型海洋哺乳动物，例如鲸鱼，可能存活更长时间（60～80年），但它们的数量并不多，对海洋生物总量的贡献相对较小。海洋生物生命的短暂性满足了有机物形成油藏的一个必要条件，那就是有机物的沉积速度超过底栖生物分解的速度（见图1.4）。这些有机物还没来得及分解就已经被新的有机物层和泥沙堆积在上面，底层有机物受到越来越大的压力而被压实，同时温度升高。温度的升高会催化一种化学过程，使一种叫作干酪根的极其重而复杂的分子从有机分子的分解组分中组装起来。这些干酪根连同脂质和少量的细胞壁残余物，形成石油的原料。当干酪根层被埋在2～6千米深的地方，经过几千万年的时间，干酪根和其他分子中的碳键会断裂。这个“裂化”的过程会产生简单的碳氢化合物分子，我们称之为石油。因此，海洋沉积物中有机碳的积累，以及随后转化为石油，主要与微观生物也就是浮游植物和浮游动物，以及各种名为有孔虫的海洋小动物有关。当今世界，石油和煤炭一样都是人类社会的主要能源，石油工业的各个环节，包括生产、运输、精炼以及最后成

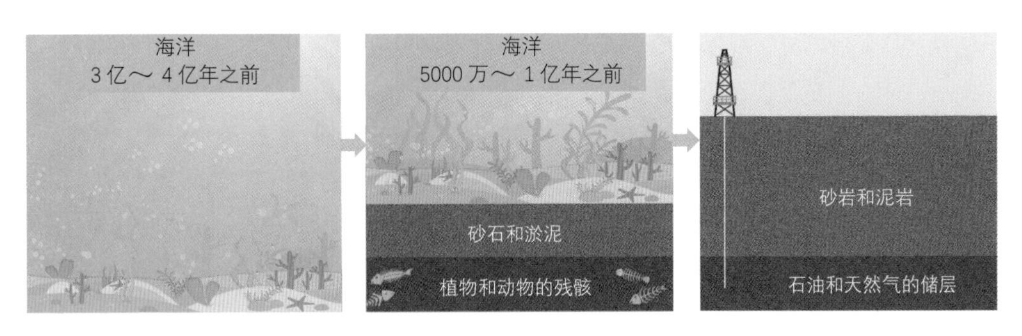


图1.4　石油和天然气形成机制示意图

（图片改编自 http://safeandsmart.org）

品的使用都会产生环境污染物。有些化学物质是有毒有害的，甚至能致癌，所排放的气体几乎都是温室气体，如二氧化碳、甲烷、臭氧和氧化亚氮等。

### 4. 天然气

天然气的主要成分是甲烷气体（或化合物），一个碳原子和四个氢原子组成的化合物（$CH_4$）。生物成因理论认为，天然气形成于数百万年前，和石油一样由当时的植物和微小的海洋动物被沙子和岩石掩埋后经过温度压力作用而形成（见图 1.4）。天然气的形成贯穿于成岩和岩石变质作用的始终，各种类型的有机质都可形成天然气，腐泥型有机质则既生油又生气，腐殖型有机质主要生成气态烃。天然气根据其形成条件分为油型气、煤型气和生物气等。天然气的成分相对单一，主要为甲烷（$CH_4$），是相对清洁的化石能源，其燃烧所带来的环境问题，主要是排放的二氧化碳所引起的温室效应。

# 第二章 能量失衡与气候变化

如上一章所述，地球每时每刻都在接收着来自太阳的电磁辐射。当太阳光到达地球轨道的时候，与太阳光束方向垂直的单位面积上单位时间内接收到的太阳总辐射能量大约 1370 瓦 / 平方米，这也称为太阳常数。将地球吸收的太阳辐射能量在其总表面积上进行平均分配的话，地球单位表面积所接受的能量只相当于地球单位投影面积上所截获的太阳能量的四分之一左右。这些太阳辐射中约有 30% 的能量会立即被大气和云层（23%），海洋、陆地和冰等地表（7%）表面反射回去，也就是说地球的反照率大概为 30%（Trenberth et al.，2009）。太阳辐射中另外的 70% 会被地球上的陆地、大气和海洋所吸收（图 2.1）。太阳给予地球的持续加热不会让地球变得越来越热，主要是因为地球可以通过向太空辐射散失掉热量，其他行星的热量散失也是如此。在正常情况下，每年从太阳接收进来的能量与地球辐射出去的能量保持平衡，因此地球表面保持恒定的年平均温度。地球的能量失衡是指地球表面所吸收到的热辐射与地球以长波辐射形式散失到太空的能量之间的差额。如果差额是正的，说明有更多的能量进入地球系统，我们可以预期地球会变暖；但如果差额是负的，我们可以预期地球会变冷（Hansen et al.,2011）。地球的能量失衡状态是衡量地球气候状况的关键指标之一，它预示未来全球气候变化的趋势。下面举例说明了几种常见的方式可以对地球系统的能量平衡产生扰动，并进一步影响到地球气候系统，改变地表的温度（IPCC, 2013；Mathez & Smerdon,2018）。

1. 太阳对地球的辐射强度改变：太阳辐射增加会直接导致地球升温，辐射减少会导致地球表面降温。

2. 大气中温室气体增加：高浓度的温室气体会使大气层反射更多的红

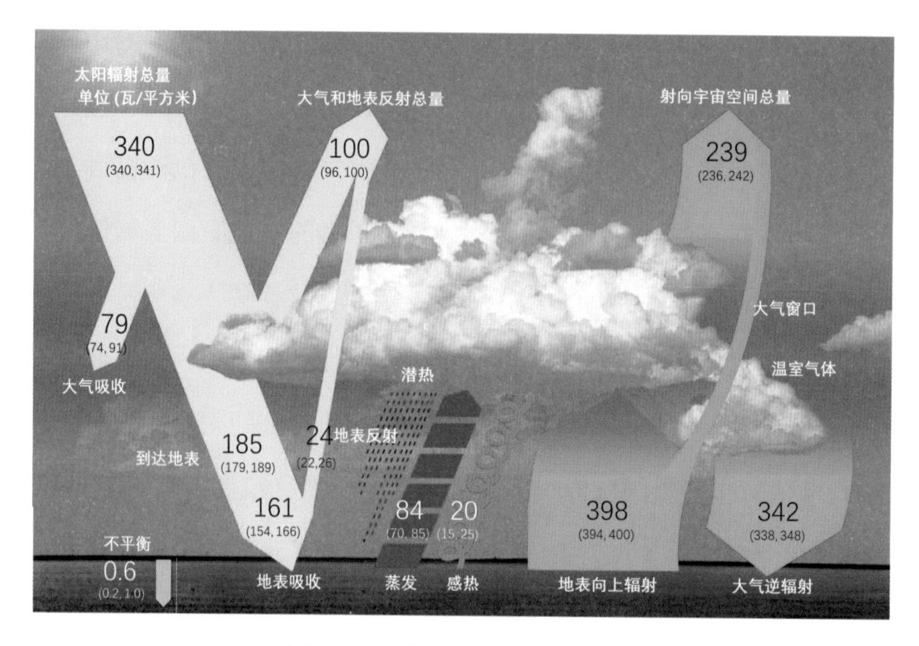


图 2.1 全球热量收支平衡示意图

（括号外的数字为辐射量，括号内的数字为不确定区间值。改编自 IPCC， 2013）

外线辐射到地表，地表温度将升高，以达到新的辐射平衡。

3. 大气中气溶胶增加：火山爆发或人类工业活动将硫酸盐等气溶胶送入平流层。过多的气溶胶将形成一个“尘埃层”，该尘埃层相当于增加了地球的反照率，屏蔽了部分太阳辐射，使地表的温度降低。

4. 表面覆盖物改变（土地变化）：地表覆盖物改变，影响地表反照率，影响地球接收太阳的能量，产生加热或冷却气候的效果。

5. 大气中臭氧含量改变：大气中臭氧以两种方式影响气候，平流层臭氧具有冷却效果，对流层臭氧具有增温效应。

不同的因素会产生不同强度的影响，也就是不同的辐射强迫（指外部强迫引起的对流层顶垂直方向上的净辐射变化，单位为瓦特每平方米）。如图 2.2 所示，图中数值为辐射强迫的程度：正值为正强迫，导致全球升温；

**图 2.2　大气中人为原因引起的辐射强迫变化对比示意图**

（数据来源 IPCC, 2007）

负值为负强迫，导致全球降温。公认的引起当今气候变化的主要因素是大气中温室气体浓度增加。下面通过介绍气候系统的相关内容来讨论能量平衡和气候变化之间的关系。

## 一、天气和气候

天气是指当前和未来一周左右的时间内地球某地表面的大气状况。气候是指某一地区在至少三十年时间内的大气状况。天气是短期的，气候是长期的。天气在时刻发生变化，而气候在长时间内是相对稳定的，或者说“天气是气候的基础，气候是天气的概括”。

虽然目前我们已经能够相对准确地预测未来一天甚至更长时间内的天气，但预测的时间越远，预测结果的不确定性就越大。就像蝴蝶效应一样，初始预测条件的微小改变会导致系统最终发展结果的巨大差异。要准确地预测天气，我们必须知道温度、湿度、气压、风速、降水以及受影响地区天气系统的所有特征，即使可以估计这些条件的未来状态，但是目前的预测能力也只能保证较近的时间内预测结果的相对准确。相反地，气候作为一种平均状况，它本身相对稳定，至少不像天气那样变化很大，它在一定的时间尺度上显示稳定而独特的变化模式（NASA,2014）。

## 二、地表与大气的温度

判断气候是否发生变化最直接可见的指标就是地表平均温度是否变化。仪器测量全球地表气温记录始于1880年左右。美国国家航空航天局（NASA）、美国国家海洋和大气管理局（NOAA）、日本气象局和英国气象局哈德利中心是目前全球对地表平均温度进行分析和报告的四个主要机构。四个机构的全球地表温度分析方法类似，都使用了全球6300个监测站的数据，包括地面气象站的观测数据、船舶和浮标为基础的海面温度观测数据，以及南极科考站的观测数据。四个机构用这些数据通过一定的模型计算出地表年平均气温变化（Moriarty & Honnery, 2011）。全球地表温度变化如图2.3所示。

自1850年以来，地表温度每十年平均上升0.07℃，到2018年净变暖0.95℃左右（见图2.3）。在这138年中，陆地平均温度比海洋温度升高的速度更快，分别为每十年升高0.10℃和每十年升高0.06℃（Marcott et al.,2013）。从1880年到目前全球地表平均温度最热的五年为刚刚过去的五年：2014年第五，2015年第二，2016年第一，2017年第三，2018年第四。

除了地表平均温度外，大气的平均温度也对气候变化有着重要的指示作用。由于大气中氧分子的微波辐射量与大气各层的温度成正比，从1978年11月开始，美国国家海洋和大气管理局使用极地轨道卫星上的微波探测单元（MSU）监测氧分子的微波辐射，来计算大气温度变化。1998年，

NOAA又部署了先进微波测深装置（AMSU）。在其四十多年的监测历史中，MSU和AMSU的数据已经成为数百项研究调查的重要基础数据。这些数据帮助科学家研究地球大气温度和大气环流变化，量化大型火山爆发后气溶胶进入平流层和对流层后对地球温度的冷却效果，评估气候模型的准确性，

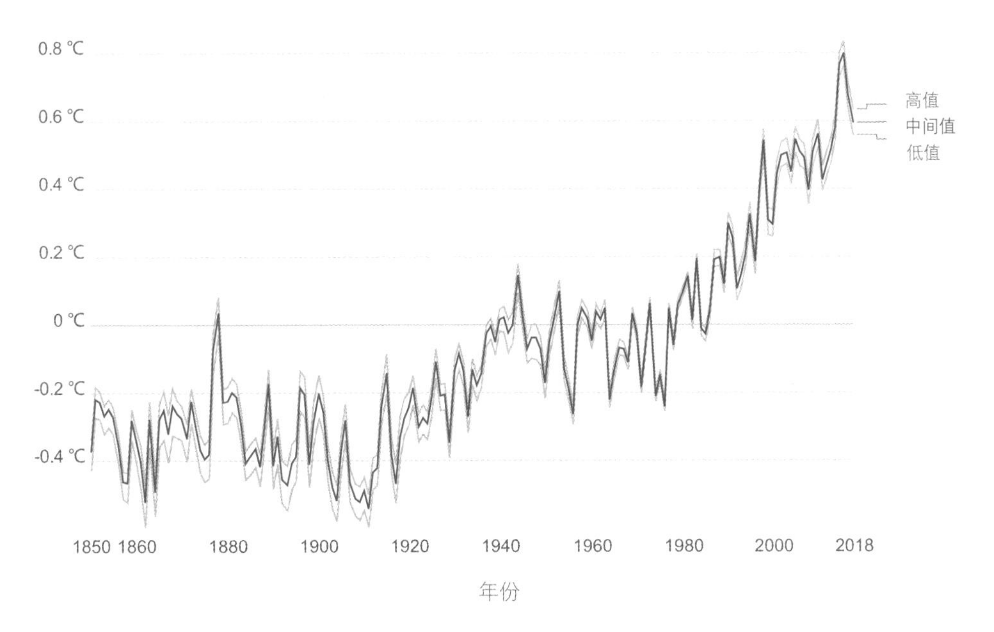


**图2.3　全球地表温度变化曲线**
（数据来源于英国气象局哈德利中心）

以及评估地表观测与对流层和平流层温度变化的一致性等。值得注意的是，平流层的冷却现象证明了另外一个问题：如果全球变暖是由于太阳辐射输出增加所导致的，那么平流层应该会看到变暖效果而不是变冷，因此也进一步排除了全球变暖是由太阳辐射造成的可能性（Mathez & Smerdon, 2018）。

## 三、温室气体与温室效应

太阳以可见光、紫外线、红外线等电磁波的形式照射地球。其中，紫外线的波长较可见光短，能级较高，大气中的温室气体除臭氧外无法吸收紫外线辐射所携带的能量。被臭氧吸收后剩余的一部分太阳辐射可以穿透大气层到达地表。在太阳辐射中，约有30%的辐射会立即被云层、冰、雪、沙子和其他地球表面反射回太空。剩下的大约70%的太阳辐射被海洋、陆地和大气吸收（见图2.1）。地球在吸收能量后地表温度开始升高，同时以红外热辐射的形式释放热量，而红外辐射的波长较长，能级较弱，这部分能量可以被温室气体捕捉。温室气体捕捉能量的工作原理和音叉相似，它们吸收并重新释放波，音叉吸收释放音波，温室气体（例如$CO_2$）吸收并释放红外线波，如图2.4所示。温室气体这种允许太阳短波辐射通过大气层，但却可以捕捉地表红外辐射的作用通常被称为温室效应（见图2.5），因为它与栽培农作物的温室的工作原理大致相同。

如果没有适量的温室气体及其产生的温室效应，地球表面就会像月球一样冰冷，月球几乎没有大气层，其黑暗面的温度约为-153℃。虽然地球大气层通过温室气体可以捕捉地球表面90%的长波红外辐射，但其实大气层中的绝大多数气体并不是温室气体。非温室气体的氮气（$N_2$）和氧气（$O_2$）约占大气成分总量的99%，温室气体总量只占大气成分不到0.1%（不包含水蒸气）（如图2.6）。

$CO_2$常被误认为是温室气体最多的组成部分，其实不然。按温室效应所占比例来说，水蒸气实际上是地球大气中最主要的温室气体（见图2.7）。水蒸气可以吸收相当广的红外光谱，而其他温室气体只能吸收相对有限的红外光谱。水汽所产生的温室效应在50%左右，云所产生的温室效应占25%

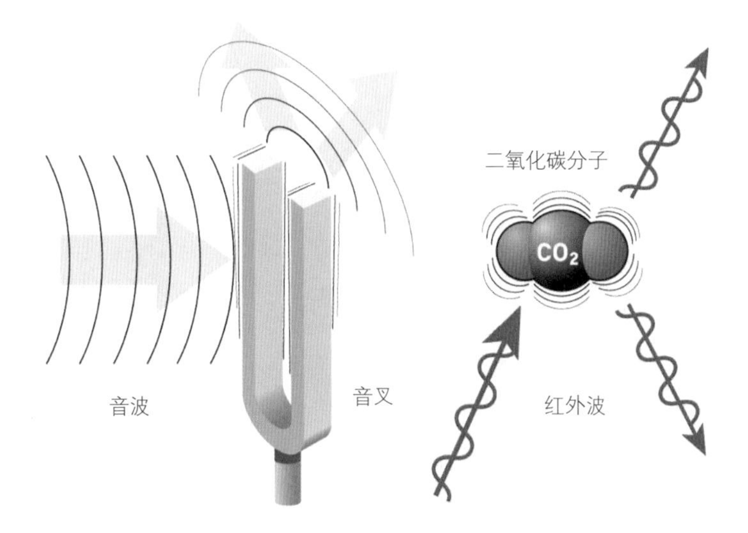


图 2.4 $CO_2$ 温室效应机理示意图

（图片改编自 https://static.skepticalscience.com/graphics/Co2_tuningFork_analogy_1024w.jpg）

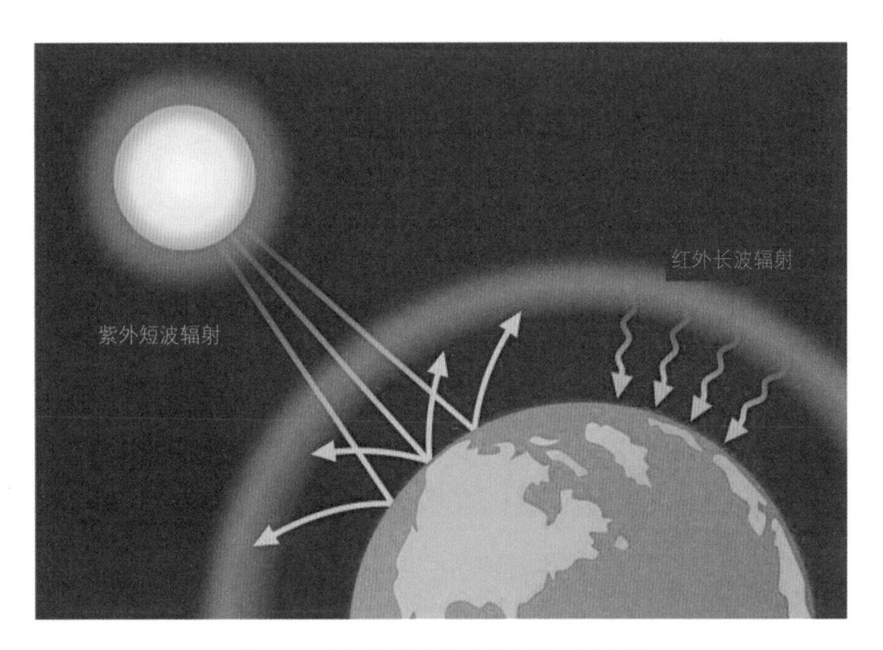


图 2.5 大气层温室效应作用原理示意图

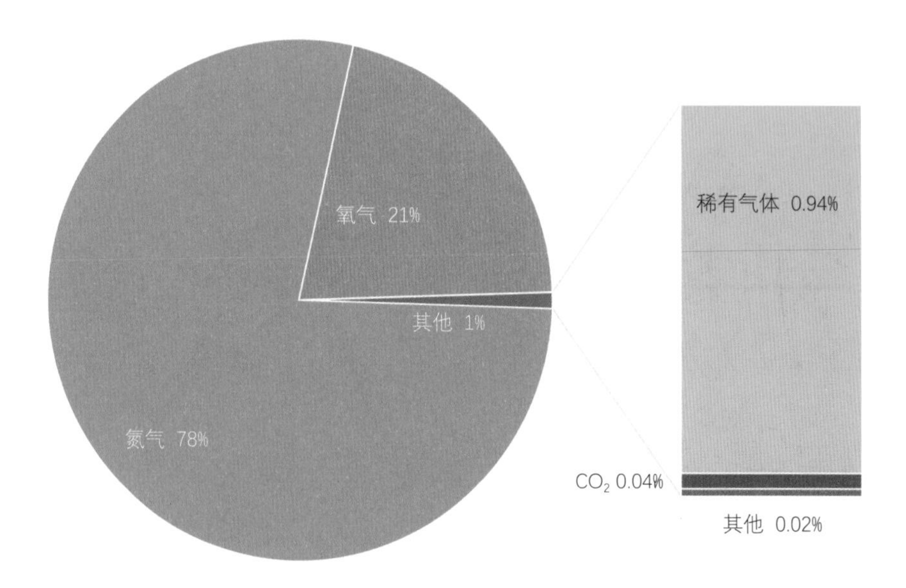


图 2.6　大气中各种气体成分所占比例示意图

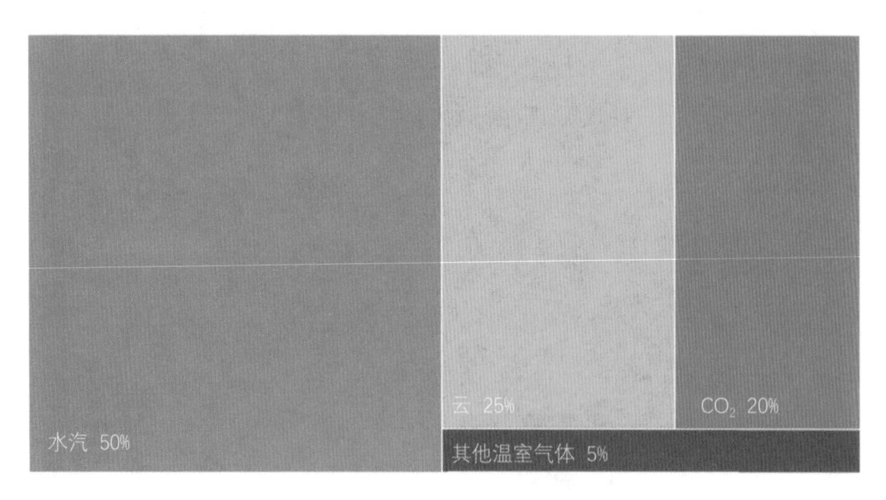


图 2.7　大气中各种温室气体所产生的温室效应贡献比例示意图
（数据来源 IPCC，2007）

左右。除了水蒸气以外，按照总体温室效应的大小排序，依次为二氧化碳（$CO_2$）、甲烷（$CH_4$）和臭氧（$O_3$），还有其他一些影响较小的温室气体，包括一氧化二氮（$N_2O$）、六氟化硫（$SF_6$）、氢氟碳（HFCs）、全氟碳（PFCs）和氯氟碳（CFCs）（Kiehl & Trenberth, 1997； Archer et al., 2009）。上面的排序是考虑了除水蒸气外每种温室气体在大气中温室效应的总效应。如果按照单位质量的温室气体的全球增温潜势来看（全球增温潜势是某一给定物质在一定时间范围内与 $CO_2$ 相比而得到的相对辐射影响值），$CO_2$ 是这些温室气体当中在给定时间内所造成辐射强迫最小的温室气体（见表 2.1）。

在 1958 年以前，没有科学家对大气中的 $CO_2$ 含量进行准确监测，更没有科学家对这种大气成分按时间序列进行比较。1958 年，查尔斯•大卫•基林（Charles David Keeling）开始在美国夏威夷莫纳罗亚山（Mauna Loa）上建立的天文台站点精确地测量大气中的 $CO_2$ 含量（见图 2.8），并形成了一个带有时间轴的 $CO_2$ 浓度变化曲线图，称为基林曲线。总的来说，基林曲线显示了大气中 $CO_2$ 浓度随时间上升的情况。该曲线显示，$CO_2$ 平均浓度已从 1959 年的 316ppm 上升到 2019 年 5 月的 415ppm 左右（图 2.9a）。20 世纪 70 年代中期前，$CO_2$ 年平均浓度每年上升 1.3 ～ 1.4ppm，之后每年大约增加 2ppm。大气中 $CO_2$ 浓度的逐年增加与化石燃料燃烧释放到大气中的 $CO_2$ 大致成正比。除了 $CO_2$ 浓度的年变化外，基林曲线清楚地显示了 $CO_2$ 浓度的季节变化。在冬季，当光合作用减弱，中纬度地区植物生长减慢时，$CO_2$ 浓度最大；此外，冬季寒冷地区供暖燃烧化石燃料，会排放更多的 $CO_2$ 进入大气中。在夏季，当植物通过光合作用吸收更多的 $CO_2$ 时，大气中的 $CO_2$ 浓度会下降（Beer et al., 2010）。

在 Mauna Loa 监测站建立之前，大气中 $CO_2$ 浓度信息主要是依赖对南极

表 2.1 温室气体的全球增温潜势对比表

| 与$CO_2$相比，不同温室气体在一定时间范围内的相对辐射影响值 | | | |
|---|---|---|---|
| 温室气体 | 20年 | 100年 | 500年 |
| $CO_2$ | 1 | 1 | 1 |
| $CH_4$ | 72 | 25 | 7.6 |
| $N_2O$ | 289 | 298 | 153 |
| $CCl_2F_2$ | 11000 | 10900 | 5200 |
| $CHClF_2$ | 5160 | 1810 | 549 |
| $CF_4$ | 5210 | 7390 | 11200 |
| $C_2F_6$ | 8630 | 12200 | 18200 |
| $SF_6$ | 16300 | 22800 | 32600 |
| $NF_3$ | 12300 | 17200 | 20700 |

和格陵兰冰盖等地方的深层冰芯的分析。研究人员在格陵兰岛和南极洲极地冰原深处，以及一些高纬度冰冠和高山冰川钻取冰芯。通过分析冰芯中气泡的化学成分，追溯过去包括温室气体浓度信息在内的气候状况。冰芯保存过去大气气体特征的原理是：当松散的雪花被压实成冰时，存在雪片之间的空气被困在了冰中成为气泡；冰芯钻得越深，其气泡所代表的气候就越久远。目前根据相对可靠的冰芯数据可以至少追溯到 80 万年前的气候情况。科学家通过对气泡中气体的氧同位素分析来确定当时的地表温度；测量气泡中 $CO_2$ 和 $CH_4$ 的浓度来确定当时大气中这些气体的浓度。冰芯的分析数据告诉我们，在过去的 80 万年里，大气中的 $CO_2$ 含量在 170 ～ 300ppm 之间变化（见图 2.9b），变化的节奏与冰期和间冰期的循环几乎是同步的（见图 2.9c），这意味着大气中 $CO_2$ 含量与气候系统始终是相互作用的。根据这些冰芯中古老的气泡中灰尘的数量，还可以估计当时的古气候是干

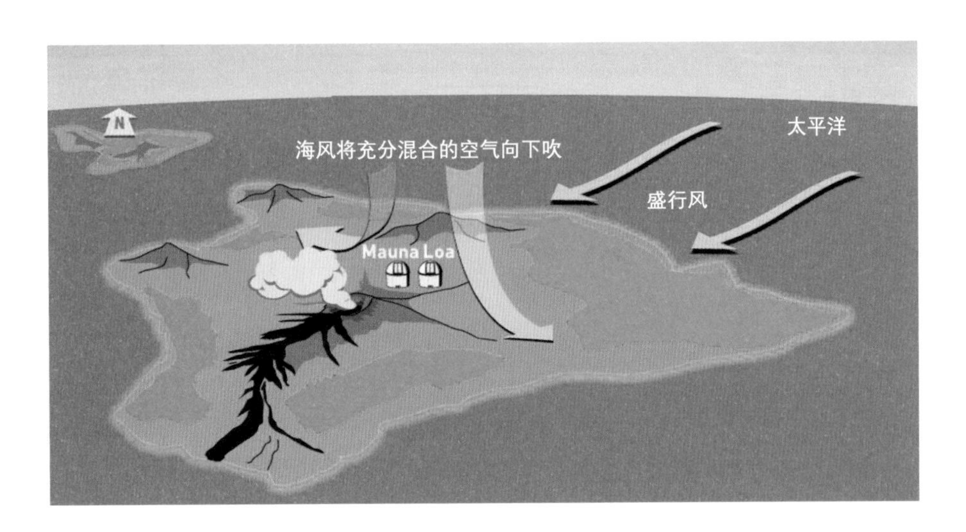


图 2.8　Mauna Loa 监测站 $CO_2$ 监测优势示意图

（Mauna Loa 监测站位于太平洋的中间，远离城市和工业排放源，所监测的 $CO_2$ 的浓度更能反映充分混合后的大气的平均值。图片改编自 https://static.skepticalscience.com/graphics/MaunaLoaCO2Sampling_1024w.jpg）

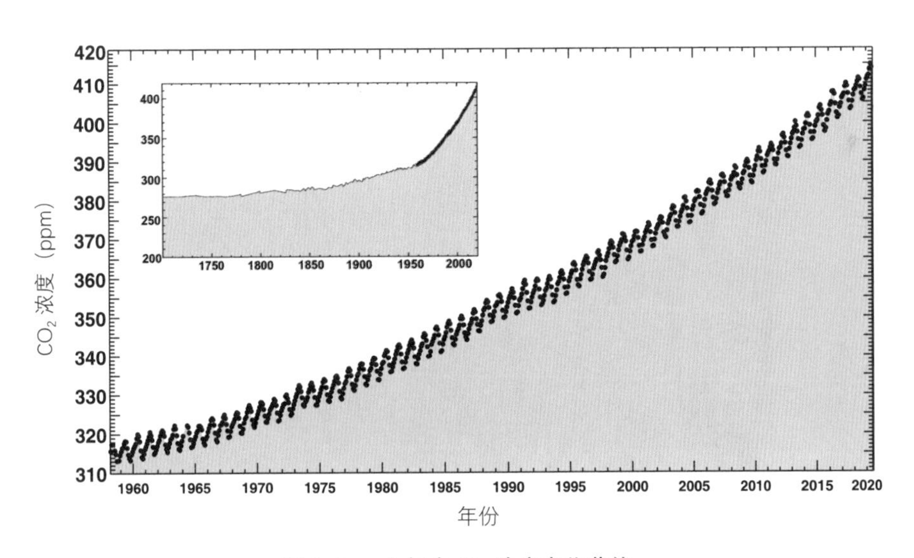


图 2.9a　大气中 $CO_2$ 浓度变化曲线

（数据来源于 NOAA，https://scripps.ucsd.edu/programs/keelingcurve）

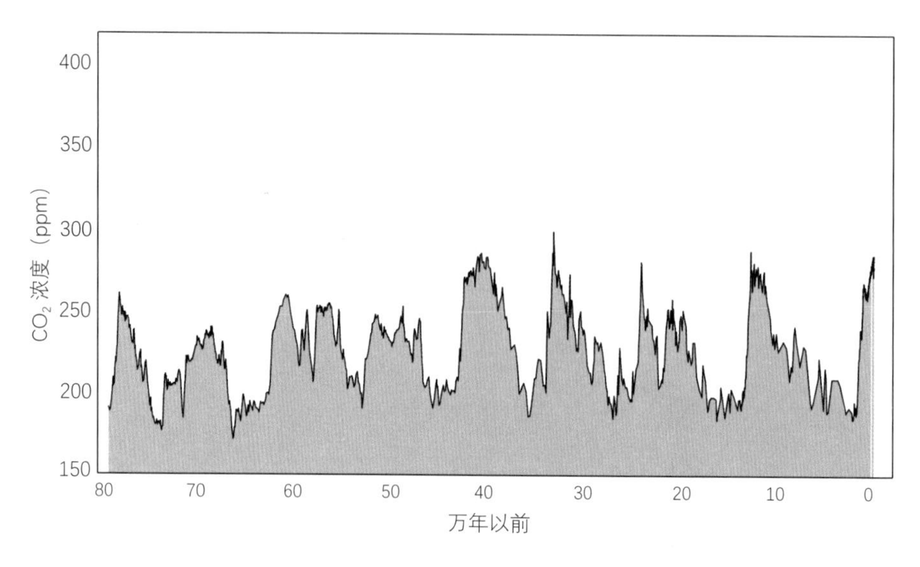


图 2.9b　80 万年前至今大气中 $CO_2$ 浓度变化曲线

（数据来源 NOAA，https://scripps.ucsd.edu/programs/keelingcurve）

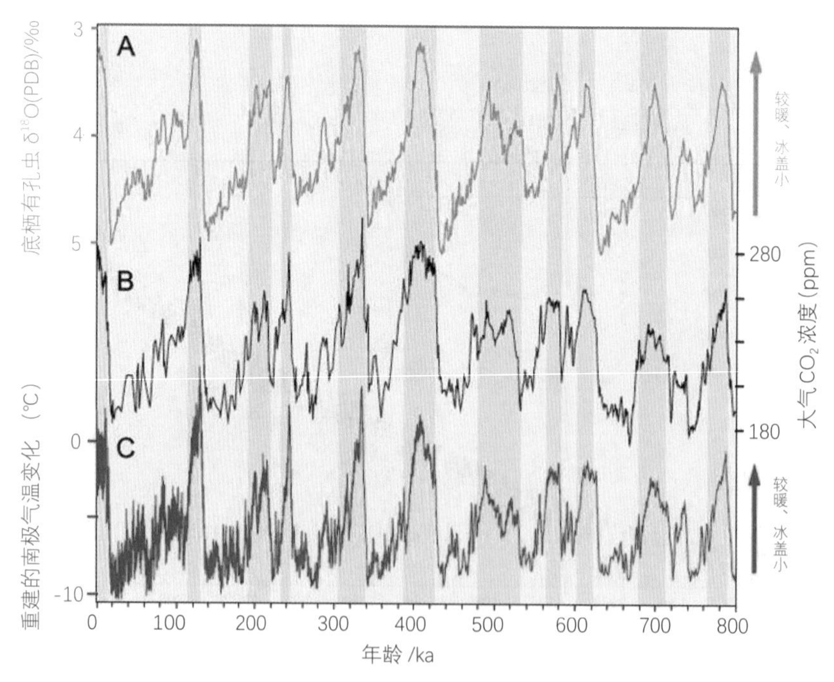


图 2.9c　南极冰芯记录的 80 万年前至今冰期旋回与大气中 $CO_2$ 浓度的变化关系图

（图片改编自《地球系统与演变》。汪品先等，2018）

燥还是潮湿。冰芯中气泡化学成分在全球范围内有很强的一致性；除此之外，从冰芯分析的数据与 20 世纪 50 年代以来的仪器测量结果也相吻合，证实了冰芯方法的可靠性。

## 四、气候强迫与反馈

虽然从百万年或者更大的时间尺度来看气候，它始终都在变化，但是一般在几百年或者上千年的时间里，气候系统通常保持一个稳定状态，除非受到扰动或外力改变了该系统。这些扰动或外力通常被称为强迫，因为它们迫使气候系统对这种扰动做出反应来达到新的平衡。这种强迫可能是正向的（导致气候系统变暖），也可能是负向的（导致气候系统变冷）。正向的气候强迫可以是太阳辐射增加，温室气体含量上升，地球气候系统会被迫变暖，温度上升。相反地，当火山喷发出的火山灰微粒进入大气层时，阻挡了部分太阳光照射地球表面，造成了一种负向强迫，因此地表的平均温度会下降。无论是正向还是负向的强迫，地球的气候系统对外界强迫的反应都会进入一种新的平衡状态。自工业革命以来，人为活动已经显著改变了部分因素的辐射强迫（见图 2.10），因此对地球系统的辐射能量平衡产生了影响。

辐射强迫的作用结果是通过气候反馈来体现的。气候的反馈机制是指地球气候系统中的某些因素对气候强迫产生变化时做出的反馈。例如，气候系统的温度上升，会使大气中容纳更多的水蒸气，水蒸气本身也是重要的温室气体，进而会加剧温室效应和温度上升。这又会导致更多的 $CO_2$ 从海洋流向大气，进一步加剧气候变暖，增加水蒸气含量，这是一系列相互作用的正向循环。$CO_2$ 与水蒸气的相互作用比 $CO_2$ 单独作用所产生的温室效应

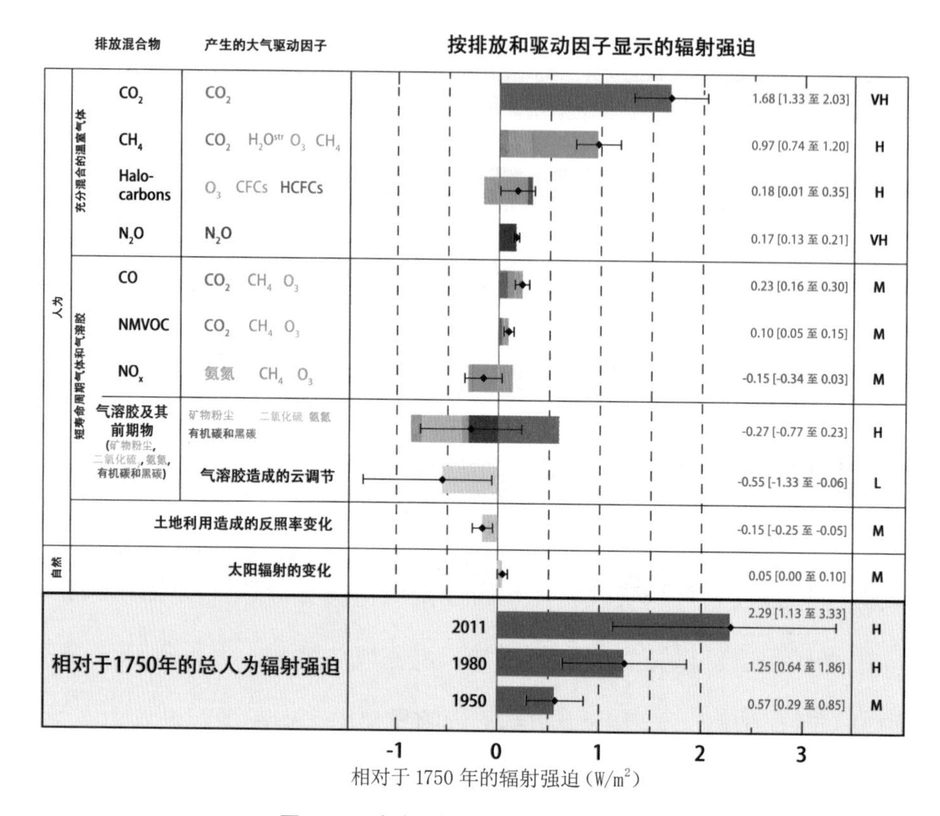


**图 2.10 气候系统对外界强迫的反应**

（相对于 1750 年，2011 年的气候变化主要驱动因子的辐射强迫估计值和总的不确定性。图中给出的估计值是全球平均辐射强迫值，这些估计值的划分是根据使驱动因子复合的排放混合物或排放过程。净辐射强迫的最佳估计值用黑色菱形表示，并给出了相应的不确定性区间；在本图的右侧给出了各数值，包括净辐射强迫的信度水平［VH：很高，H：高，M：中等，L：低，VL：很低］。图片来源于 IPCC，2013）

强度增加了一倍。另外一个正向循环反馈的例子就是冰雪融化。地表变暖引发更多的雪、冰川和极地冰盖融化，这将导致越来越多的“深色”陆地和海洋表面暴露出来，吸收更多的太阳能，进而加剧温度升高，融化更多的冰雪。这种连锁反应有可能会导致地球表面的温度不受控制地持续升高。格陵兰岛和南极洲西部的冰层正因此而加速融化（Bevis et al.，2019）。尽管研究气候的科学家对气候变化的发生可能达成共识，但是对气候变化的速度往往意见不统一，其中最重要的原因之一就是科学家对各种反馈机制的理解还远远不深入。目前科学研究成果让我们知道气候反馈的方向，但还没有确切地告诉我们反馈速度和力度。

## 五、气候模型

要再现气候强迫和反馈的作用，或者预测未来在各种因素作用下的气候状况，就需要用到相关的气候模型进行模拟计算。研究人员用一种建立在大气能量、物质和动量的流动及其相互作用基础上的数学模型来进行模拟计算（Farmer,2014）。相对复杂的模型包括大气、海洋、陆地表面和冰冻圈的耦合循环和相互作用。世界气候研究计划组织开展的国际耦合模式比较计划（CMIP）旨在统一的框架下开展多模式比较研究（见图 2.11），为国际耦合模式的评估以及后续长远发展提供平台。该计划的研究结果为 IPCC 对未来气候变化进行评估提供了重要的参考内容。

气候模型中非常重要的一个参数设置就是气候敏感性。气候敏感性是指大气中 $CO_2$ 浓度当量加倍之后全球地表温度年平均值的变化，也就是指地球的气候对 $CO_2$ 的浓度变化有多敏感。比如说，工业革命前大气中的 $CO_2$ 浓度为 280ppm，如果 $CO_2$ 的浓度增加一倍，IPCC（2013）估计温度会上升 1.5℃～4.5℃，这个预计的温度变化就是气候敏感性。气候模型中另外一个重要参数是“代表性浓度路径”。IPCC 第五次评估报告中首次使用了“代表性浓度路径”（Representative Concentration Pathways，RCPs）一词。每个浓度路径代表一个全球温室气体排放情景，代表性浓度路径有四种情景：RCP8.5，RCP6，RCP4.5 和 RCP2.6。RCP 的 8.5，6，4.5 和 2.6 表示至 2100 年人为因素所导致的辐射强迫分别达到 8.5 $W/m^2$，6 $W/m^2$，4.5$W/m^2$ 和 2.6$W/m^2$ 的碳排放变化路径（IPCC, 2013）。研究 RCPs 的目的不是预测未

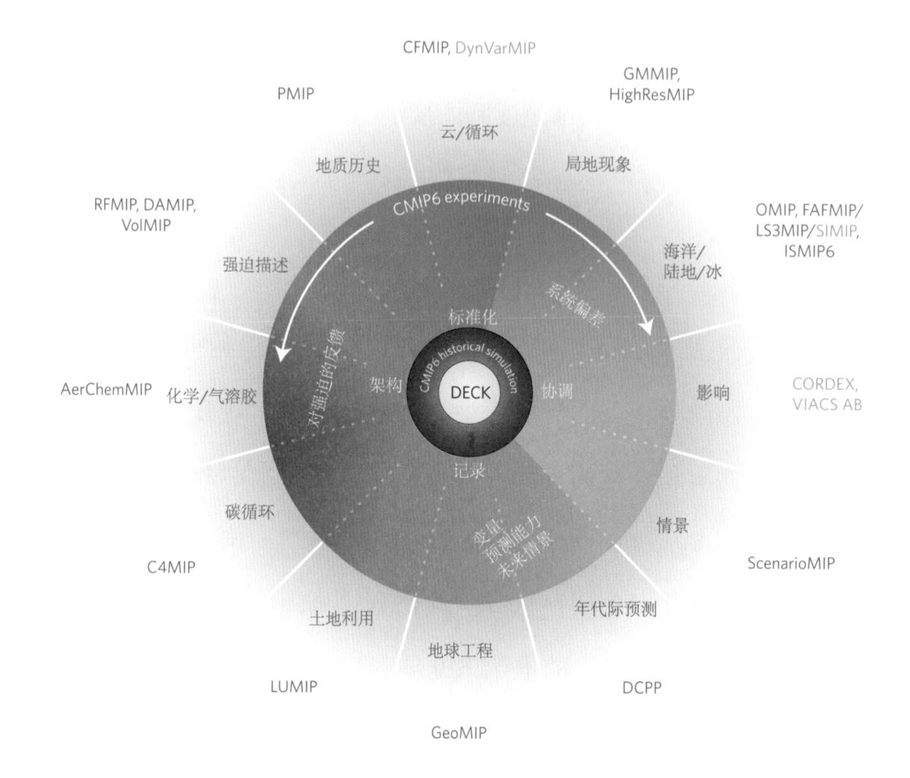


**图 2.11　CMIP 气候模型主要功能示意图以及所耦合的 21 个相互对比项目模型**

（Modelling Intercomparison Project, DECK：对气候的诊断、评估及描述，Diagnostic, Evaluation, and Characterization of Klima[climate]。图片改编自 Progress in Climate Modelling. Simpkins, 2017）

来碳排放量，而是为了更好地研究在不同决策情况下可能做出的减排方案。

## 六、碳储库与碳循环

对于气候的稳定性而言，碳循环是至关重要的，因为它可以调节大气中 $CO_2$ 的含量及其温室效应的强度。碳循环是指碳在地球系统中各个储库之间的循环情况。长期碳循环是指岩石储层与各地表储层之间的碳流动，这个循环可能需要数百万年才能完成。这个循环作用中的一个重要环节是岩石的风化作用。岩石通过风化作用吸收大气中一部分 $CO_2$ 形成了碳酸岩，之后部分碳酸岩溶解在河水中；溶解的碳被冲进海洋；海洋生物利用碳来构造它们的外壳和骨骼。这些生物最终死亡堆积在海底，成为岩石储层的一部分。富含碳元素的沉积物在地壳板块碰撞的过程中沉降到地幔中，随后地质作用通过火山喷发又会将岩石中的碳以 $CO_2$ 的形式释放出来（见图 2.12）。

地球上大部分的碳不存在于海洋、大气或生物圈（“地表”储集层），而是以岩石的形式存在于岩石圈储层中，地球上超过 96% 的碳被储存在石灰岩和其他富含碳的页岩中（表 2.2）。岩石圈是气候系统的一部分，主要是因为岩石圈与地表储集层之间存在着碳的流动，但这种流动远比地表储集层之间的碳流动慢（Berner， 2003）。地表储集层中最大的碳储库是海洋，特别是深海（见表 2.2）。

碳循环不仅仅是流动问题，还是一个库存问题。可以形象化地把大气

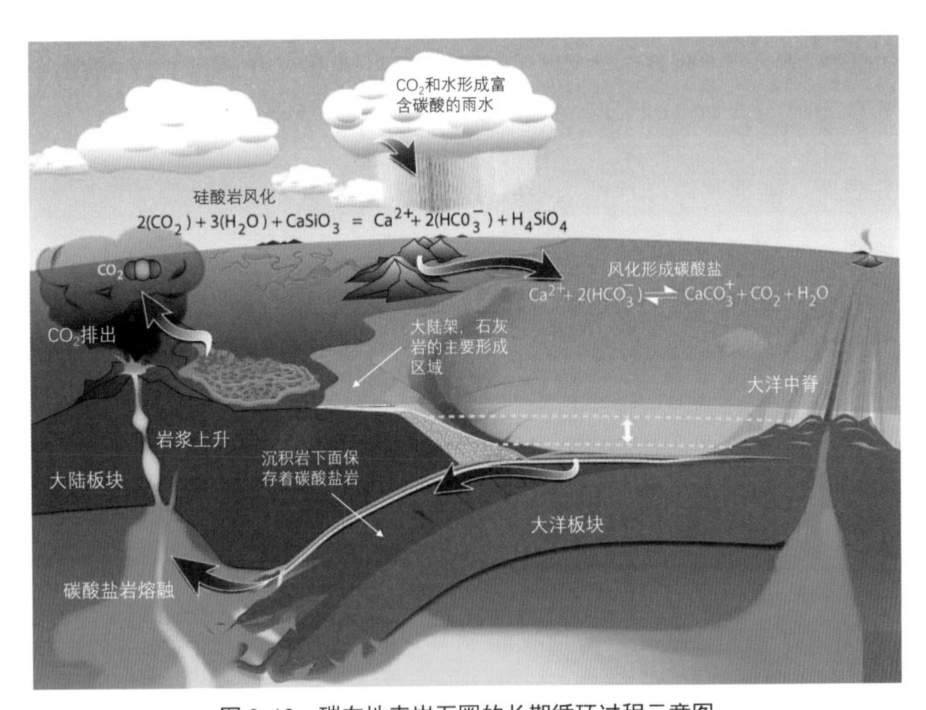


图 2.12 碳在地表岩石圈的长期循环过程示意图

（图片改编自 https://skepticalscience.com/graphics.php?g=84）

表 2.2　地球表面各碳储层碳的含量

| 储库 | 数量（10亿吨） |
| --- | --- |
| 大气 | 720 |
| 海洋（总量） | 38400 |
| 无机碳 | 37400 |
| 有机碳 | 1000 |
| 海洋表层 | 670 |
| 海洋深层 | 36730 |
| 岩石圈 | |
| 沉积碳酸岩石 | ＞60000000 |
| 干酪根 | 15000000 |
| 陆地生物圈（总量） | 2000 |
| 有生命生物 | 600-1000 |
| 死亡生物 | 1200 |
| 水生生物圈 | 1-2 |
| 化石燃料（总量） | 4130 |
| 煤炭 | 3510 |
| 石油 | 230 |
| 天然气 | 140 |
| 其他 | 250 |

（数据来源于 Energy and Climate Change. Stephenson, 2018）

系统想象成一个“浴缸”，当 $CO_2$ 向这个浴缸排放时，浴缸中 $CO_2$ 的总量增加；如果通过碳汇流出浴缸的 $CO_2$ 变少，整个水位就会继续上升。此外，研究表明，陆地和海洋这两大吸收 $CO_2$ 的碳汇可能无法保持原有的吸收 $CO_2$ 的能力。土壤的碳净吸收能力与土壤水分变化程度相关，全球变暖导致土壤水分含量降低，同时吸收碳的能力也降低。因此，整个浴缸中的 $CO_2$ 总量增加，增强了温室效应，增加了气候体系发生前所未有的灾难的可能性（见图 2.13）。自工业革命以来，大量的化石能源被燃烧消费，额外的 $CO_2$ 被排到大气中并长期地储存在其中。一般来说，排放到大气中的 $CO_2$ 四十年后还剩 50% 左右，五百年后还剩 28%，一千年后大气中还剩 24%（Zhang & Caldeira, 2015）。因此，即使我们今天完全停止排放温室气体，之前排放的气体的影响仍将持续很久（见图 2.14）。

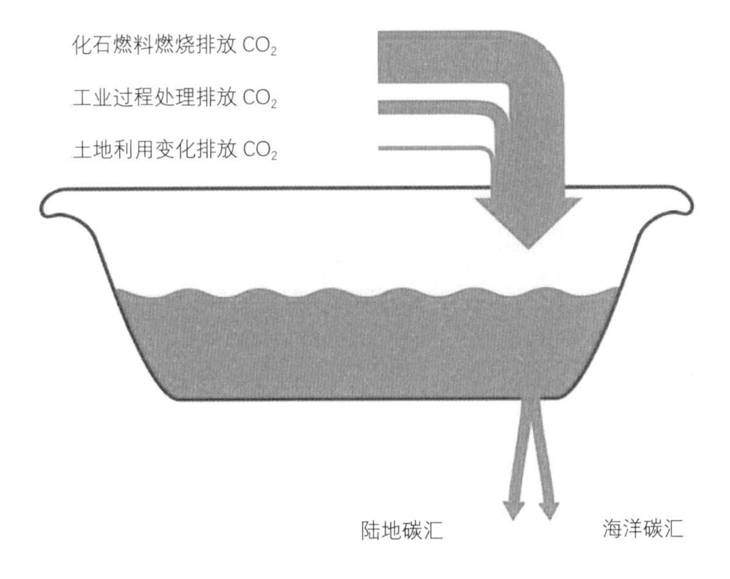


**图 2.13　温室气体排放库存示意图**

（改编自图 I–5，Designing Climate Solutions. Harvey, 2018）

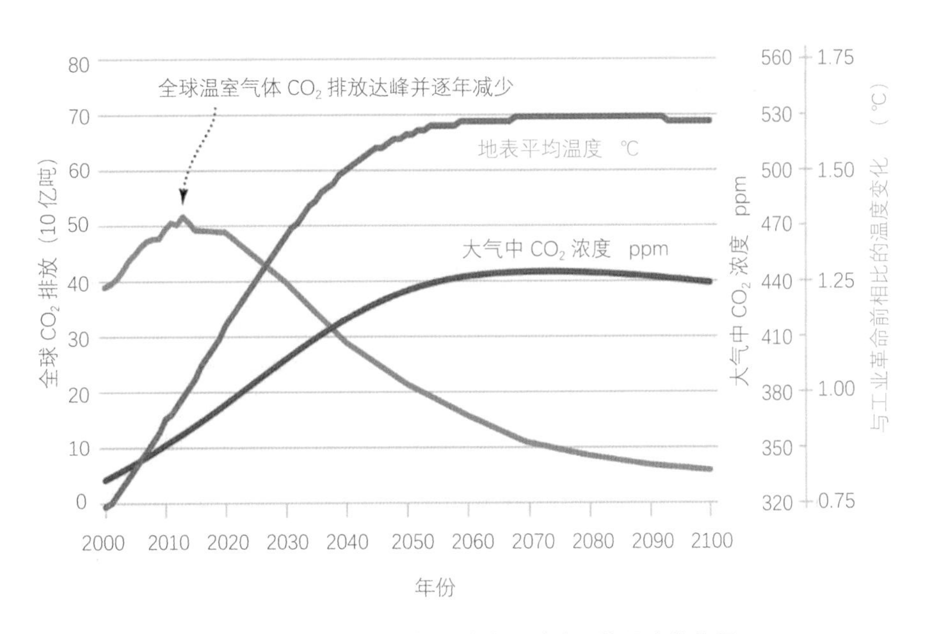


**图 2.14　温室气体浓度和地表平均温度趋势图**

（假设由人类活动引起的温室气体排放在 2011 年达峰，并逐年降低排放至零排放的情况下，温室气体浓度和地表平均温度仍然会持续增长数十年。图片改编自 Designing Climate Solutions. Harvey, 2018）

## 七、气候变化的影响

无论是人类的直接观测，还是气候模型的模拟，都已经证实了温室气体浓度升高所引发的气候变化。总的来说，气候变化的严重程度与全球气温上升的程度直接相关，而且随着时间的推移，气候可能会发生更加严重的变化，产生巨大的影响。目前所产生的几个方面的影响如下：

### 1. 海洋温度上升

人类活动不断将 $CO_2$ 等温室气体排放到大气中，这些温室气体产生的温室效应一刻不停地加热地表。海洋就像是一个庞大的"能量存储池"吸收并储存着这些热量（见图 2.15）（Church et al., 2011）。据估算，地表增加的热量 90% 以上都被海洋吸收了（Abraham et al., 2013; Cheng et al.,2019a）（见图 2.16）。2018 年海洋升温又创新高，成为有现代海洋观测记录以来温度最高的一年（Cheng et al., 2019b）。2018 年全球海洋上层 2000 米以内热含量较 1981—2010 年的平均值高出 $19.67\times10^{22}$ 焦耳，比历史第二高的 2017 年高出 $0.91\times10^{22}$ 焦耳，这些热量相当于中国 2017 年全年发电量的 388 倍左右，是广岛原子弹爆炸释放出的能量的 1 亿倍（Cheng et al., 2019b）。对于能量而言，它不会消亡，只会传导，或从一种形式转变成另一种形式。海洋吸收了如此巨大的能量后，不可避免地会将这部分能量通过各种途径释放出来，其结果就是加速极端天气发生的频率。

### 2. 极端天气

极端天气事件大体可以分为极端高温、极端低温、极端干旱、极端降

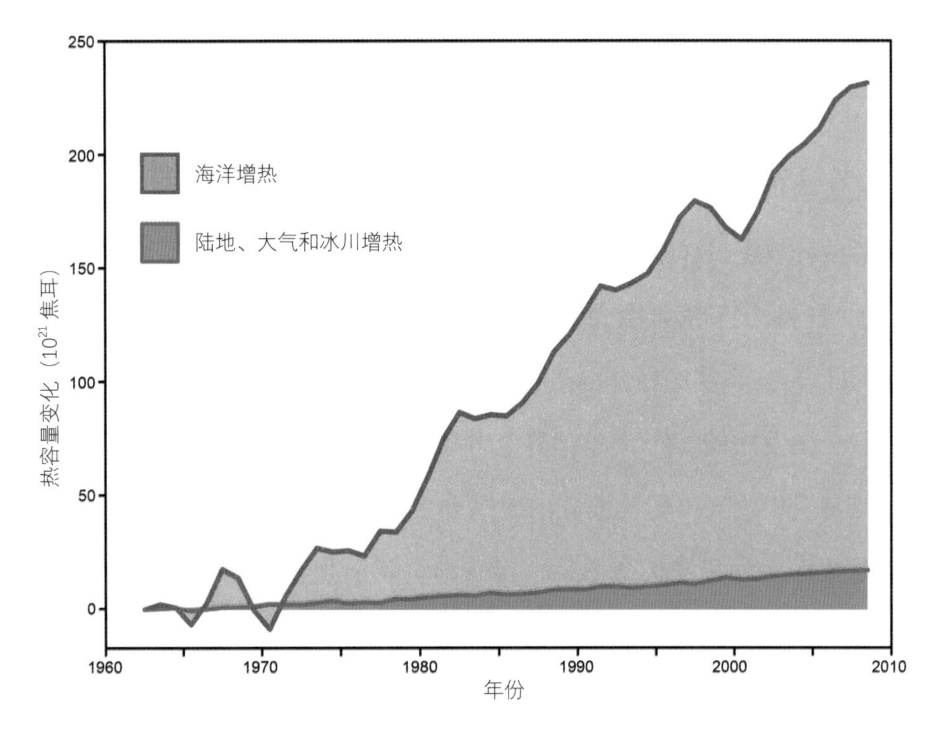


图 2.15　从 1961 年开始至 2009 年地球表层组分热容量的变化（Church et al., 2011）

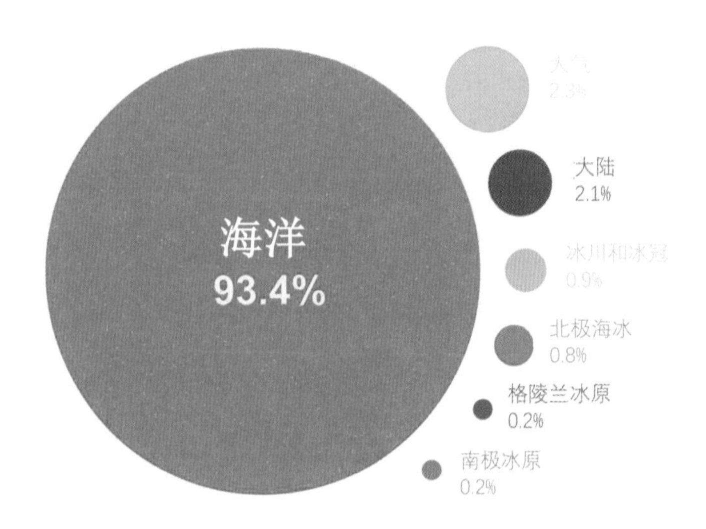


图 2.16　全球变暖的热量在气候系统的各个组成部分的大概分布比例（1993-2003）
（数据来源于 IPCC，2007）

水等。之所以称为极端，主要是指其发生概率小、危害性大，通过以上所述的气候形式使得气候体系中所聚集的能量快速释放。例如，台风和飓风等极端天气都是剧烈的能量释放形式。这就好像地球内部积蓄已久的能量需要通过火山爆发释放出来一样，台风和飓风就是海洋中能量蓄积到一定程度后的释放窗口（Easterling et al.,2016；Durack et al.,2014）。不断加热的大气和海洋会使得台风等极端气候事件变得更加频发、更加强大（Cook et al., 2014）。

联合国发布的《2019年世界经济形势与展望》（UN，2019），列举了全球经济受极端天气影响面临的一系列重大问题。报告指出，随着世界上出现越来越多的极端天气事件，经济损失不断加重。1998年至2017年，气候相关灾害造成的损失高达22450亿美元，比1978年至1997年期间增长151%。慕尼黑再保险公司近期发布的一份报告显示，2018年全球所有自然灾害的总损失为1600亿美元，高于2017年的1400亿美元（Mechler et al., 2018）。从1980年到2018年极端天气事件的数量从每年两百余次增加到八百余次（见图2.17）

### 3. 海平面上升

海洋变暖除了引发极端天气外，还会引起海平面上升。海水温度升高产生的热膨胀效应导致海平面不断上升（见图2.18），给沿海、低洼和小岛屿地区带来逐渐增大的气候风险。海洋变暖还会导致冰架融化，冰架融化后流入海洋同样致使海平面上升。目前，热膨胀占海平面上升的主导地位，但从长远来看，融化的冰也将预计成为主导海平面上升的原因。IPCC预测，到2100年，海平面将比2000年上升0.18～0.59米（Bamber & Aspinall,2013）。

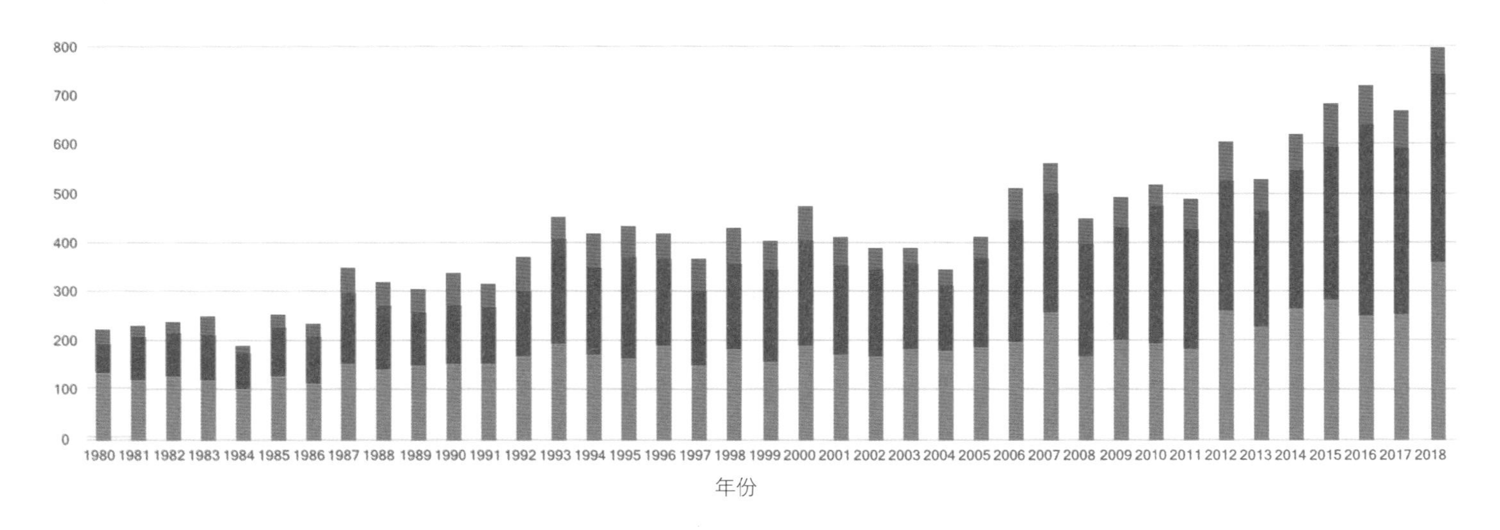


图 2.17　从 1980 年至 2018 年极端天气事件数量变化图

（数据来源于慕尼黑再保险集团。https://www.munichre.com/en/reinsurance/business/non-life/natcatservice/index.html）

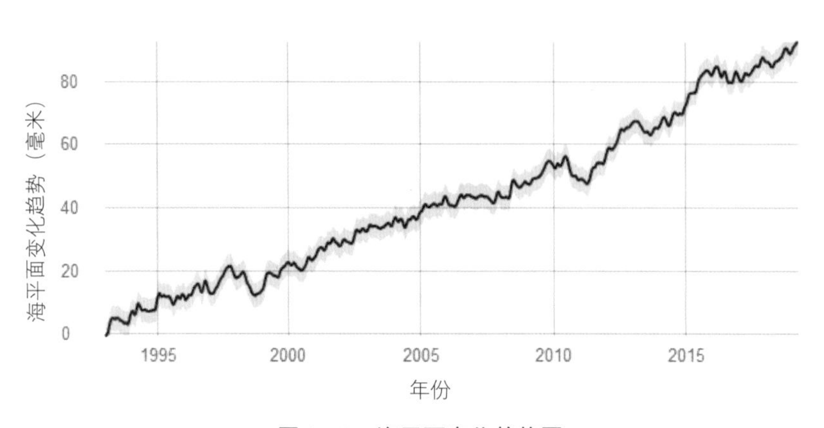


**图 2.18　海平面变化趋势图**

（数据来源于 NASA Goddard Space Flight Center）

### 4. 冰冻圈融化

俄罗斯的西伯利亚保留着广袤的永久冻土层，近四万年来一直没有融化过。这片冻土蕴藏着大量的可燃冰。可燃冰是含水甲烷的俗称。在可燃冰里，由于相邻的甲烷分子之间距离比气态甲烷要小很多，所以每立方米可燃冰一旦融化，在标准状态下可以释放出 164 立方米的甲烷。据估计，西伯利亚的冻土层里封存着大约 6500 亿吨甲烷。随着全球气候变暖，这些深埋在西伯利亚永久冻土层里的可燃冰对地球环境来说就成了一颗定时炸弹。冻土里的可燃冰一旦开始融化，这个过程就无法逆转，将会排出大量的甲烷加速气候变暖，而气候变暖又进一步加速冻土融化，由此形成气候变暖的恶性循环（Elberling et al.,2013）。全球的“第三极”青藏高原也在经历暖湿化。高原暖湿化减弱了冻土的稳定性，甚至可能导致冻土层中地下冰和地下水的融化、位移并造成水土流失。这对青藏高原工程建设将产生重要影响，同时也将给民房安全使用、公路运输养护、铁路安全运营等工程建设带来新的挑战。

一般来讲，气温会随着海拔的升高而降低。但是南北极的冰山都是从山顶而不是从山脚开始融化的。因为冰的熔点还与压力有关。冰山底部的冰因为承受着整座冰山的压力，熔点就降低了，所以不会先融化。一座冰山的融化是不断加速进行的，冰盖（冰山的顶部）所处的高度越低，气温就越高；气温越高，冰盖融化就越快，如此反复，相互作用。气候学家预测，只要全球平均气温上升 3℃，格陵兰岛上的冰川将以“雪崩”式的速度融化，此后即使我们把 $CO_2$ 的排放量降至工业革命以前的水平，也只能恢复到目前冰川的四分之一（Bevis et al.,2019）。

南北极的冰盖也在加速融化。2012 年 9 月，北极海冰覆盖面积创下历史最低纪录（见图 2.19）。而且北极海冰以每年约 10% 的速度融化。海冰的消失将对地球造成很多影响：被海冰反射到太空的热量减少，从而使全球气温升高。

### 5. 海洋酸化

除了海洋变暖、海平面上升以外，海洋还在同时发生着酸化现象。海洋酸化是指海水 pH 值的下降，pH 值为 7 时是中性，低于 7 时为酸性。从 1751 年到 2014 年，海洋表面 pH 值估计已经从 8.25 下降到 8.04（见图 2.20），预计到 2100 年 pH 值将进一步下降 0.3 到 0.5。在过去的 6500 万年里，海洋是碱性的，但 pH 值降低会对一些海洋生物如蛤、贻贝、牡蛎、珊瑚等生物的碳酸钙外壳造成毁灭性的影响。地球历史上海洋也曾被酸化过，最显著的事件是发生在古新世—始新世的大灭绝时期，也就是大约在 5600 万年前不明原因的大量的 $CO_2$ 进入海洋和大气，导致海洋严重酸化，所有海洋盆地的碳酸盐沉积物溶解（Doney et al.， 2009）。

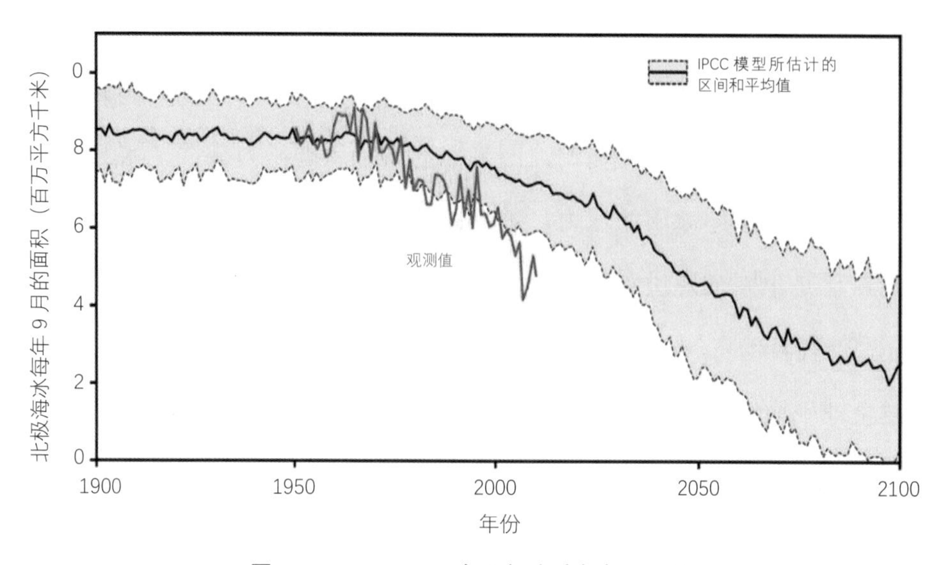


**图 2.19　1900-2100 年北极海冰每年 9 月的面积**

（图片改编自 Science, Politics, and Public Perceptions of Climate Change. Somerville, 2012）

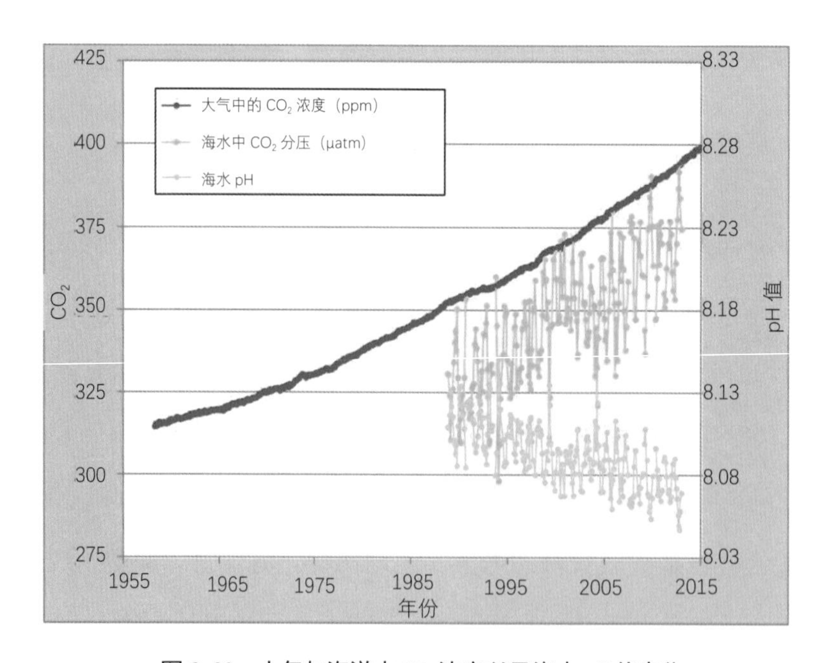


**图 2.20　大气与海洋中 $CO_2$ 浓度以及海水 pH 值变化**

（资料来源于 NOAA PMEL Carbon Program. https://www.neefusa.org/nature/water/marine-life-and-ocean-acidity）

目前海洋酸化程度已达到过去6500万年的最高水平，而且酸化速度大约是6500万年之前酸化速度的10倍。2013年8月26日发表在期刊《自然气候变化》上的一篇名为《不适宜居住的海洋》的研究表明，基于对海洋生态系统的五个关键组成部分——珊瑚、棘皮动物、软体动物、甲壳类动物和鱼类的研究，所有这些生物都被发现受到酸化的不利影响。

### 6. 物种迁移和消失

由于全球变暖，物种正迁移到温度较低的更高海拔和更高纬度地区。由于气温上升，鸟类和昆虫在某些地区的秋季和冬季停留的时间更长。气温升高也破坏了自然循环，比如动物的繁殖季节和植物的出芽季节过早地出现。热带安第斯山脉的树木物种为了保持与它喜欢的温度的平衡，需要每年向上迁移超过6米左右的垂直高度。不是所有动物都可以通过迁移和调整生物时间来适应气候变化，部分物种可能会因此消失（见图

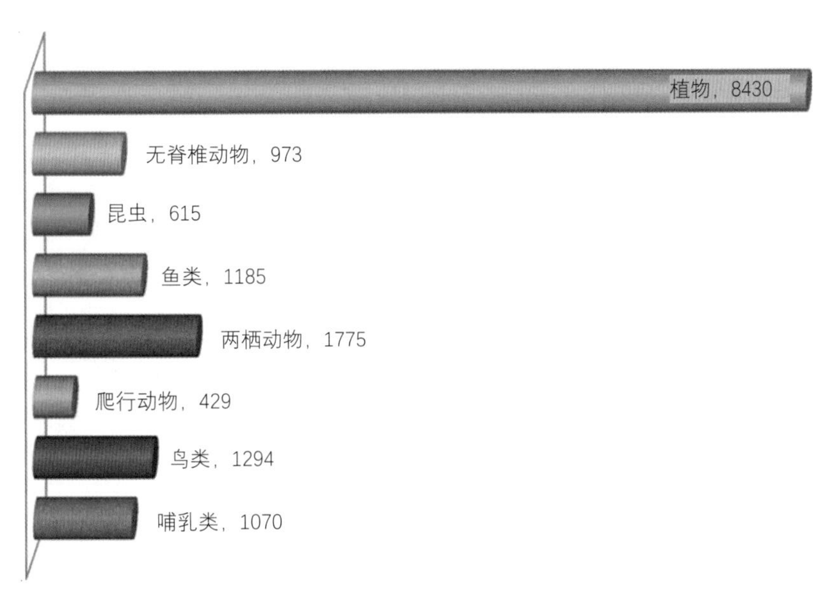


**图2.21　气候变化所产生的物种灭绝可能性的影响（生物种类和数量）**

（图片改编自 The Science and Impact of Climate Change. Srivastav, 2019）

2.21）。IPCC 发布的《全球 1.5℃增暖特别报告》中提到，如果全球变暖持续，那么到本世纪末，99% 以上的珊瑚礁系统将白化消亡（Crook et al.,2013）。

# 第三章 绿色能源减缓气候变化

人类文明史是伴随着从木材到煤炭再到石油和天然气的燃料替代发展的历史。在能源转变过程中，人类社会转向利用更方便、燃烧更高效的能源，对这些能源的利用同时也促进了人类社会工业、交通和其他领域的技术发展（Farmer，2014）。在认识到气候变化问题之前，人类社会在对化石燃料进行选择时，燃料的温室气体排放并不是重要的考虑因素。然而，从煤炭到石油再到天然气，所选的每一种化石燃料都比前代燃料相对“更清洁”，也就是燃烧每单位能源过程中排放的 $CO_2$ 更少。但是人类社会所消耗的各种能源的总量在不断升高，排放的温室气体的总量也在增多，引起了严重的气候变化。

目前，全世界的能源消费还是以煤、石油和天然气为主（见图 3.1a），但是可再生能源、新能源等绿色能源和相关技术已经引起了全世界的极大关注。这主要是因为这些绿色能源相对传统化石能源而言更清洁，排放相

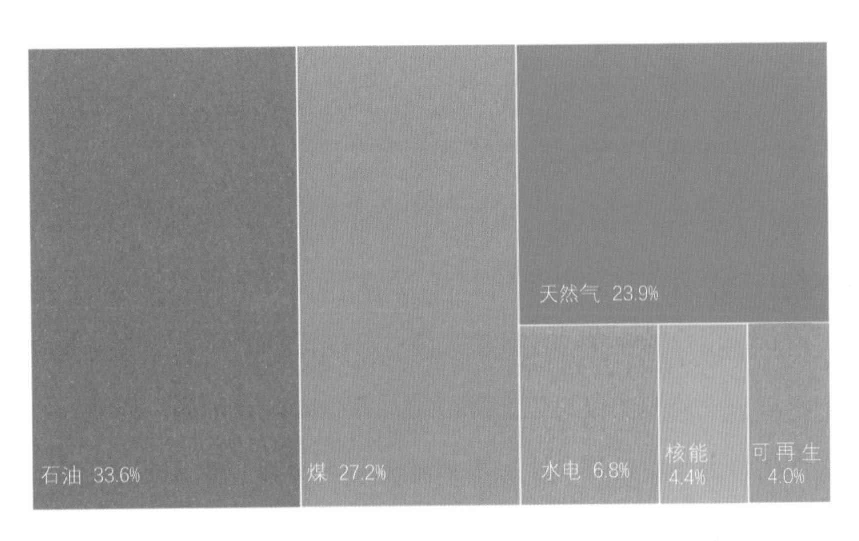


**图 3.1a　2018 年世界分燃料一次能源消费比例**

（数据来源于 BP，2019）

对较少的温室气体和污染物，被认为可以在减缓气候变化方面发挥重要作用。其次，开发绿色能源可以为国家和地区带来更高附加值的经济发展和技术创新。另外，开发多类型的可再生能源技术，也可以保证一个相对可靠的能源供应，提高能源安全。本书所提到的绿色能源是指除了煤、石油和天然气这三种化石能源以外的可再生能源以及地热能和核能等所有能源。根据 BP 能源数据统计（BP，2019），2018 年在电力供给方面，全球发电量的增长主要来自可再生能源，可再生能源发电增长 14.5%，全球可再生能源装机增至约 2378 吉瓦（见图 3.1b），连续第四年超过了化石燃料和核能的新装机容量。其中，太阳能光伏发电新增装机约 100 吉瓦，占可再生能源新增装机的 55%，其次是风电（28%）和水电（11%）。整体而言，2018 年年底可再生能源发电量供应全球约 26.2% 的电力产量（见图 3.1c）。中国在可再生能源增长方面继续走在世界前列，占全球可再生能源发电增长的 45%，超过了整个经合组织的总和。《中国可再生能源发展报告 2018》显示，截至 2018 年年底，我国各类电源装机容量 189948 万千瓦，相比 2017 年增加 11986 万千瓦，增长 6.7%；可再生能源发电装机容量 72896 万千瓦，占全部电力装机容量的 38.4%。

要深入了解开发这些绿色能源在应对气候变化上能发挥多大的作用，我们首先要了解这些技术所利用的能源的能量到底来自哪里，它们的技术特征是什么，它们的环境影响有多大。在本书第一章我们介绍了化石能源属于百万年甚至几亿年前“古阳光”和“古 $CO_2$”的载体。那么从时间尺度上来看，绿色能源中的可再生能源可以认为是“现在阳光”的载体。如前文所提到的，太阳辐射除了给有机体生命的生长提供能量外，还为地表的水、风等气候系统中的元素流动和循环提供能量。太阳辐射中大约有三分之一的能量驱动着地球上的水循环，大约 2% 的太阳能用来驱动着地球的风

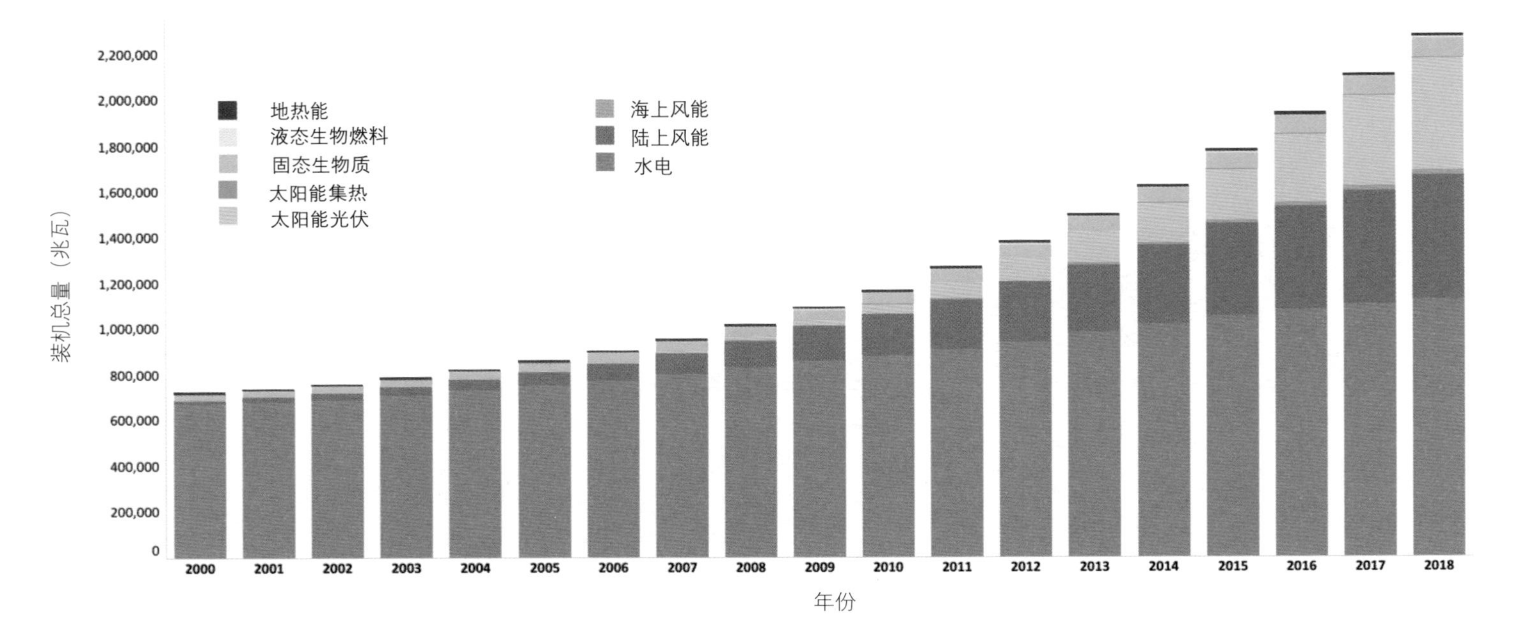


图 3.1b　2000-2018 年可再生能源发电装机总量变化

（数据来源于 IRENA，2019）

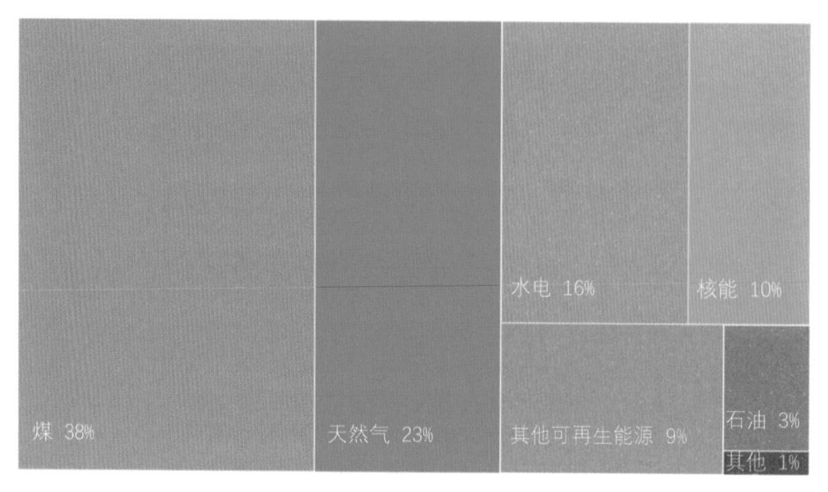


**图 3.1c　2018 年全球分燃料发电量对比**

（数据来源于 BP，2019）

作用（Jenssen，2013）。根据可再生能源技术对太阳能利用方式的不同，可将可再生能源技术大致分为三类：一是直接利用太阳能的技术，如太阳能光伏或者太阳能集热技术；二是利用太阳能转换为其他能源形式的技术，如风能、水能；三是利用光合作用储存太阳能的技术，如生物质能。除了对太阳能的利用外，绿色能源技术还包括对来自地球内部能量的利用，如地热能技术。地热能主要是来自地球形成时内部剩余能量的不断释放，以及由于地球内部铀、钍和钾等放射性同位素衰变而释放的热能。另外一种技术是利用核裂变或聚变放射出的能量的技术，简称核能技术。

## 一、太阳能

### 1. 太阳能技术

地球表面每小时接收约 10 万太瓦时的太阳能，如果这些能量可以被全部利用，每小时的能量足以满足人类一年的能源需求。太阳能的利用主要有光电转换和光热转换两种方式。光电转换是利用光电效应，将太阳辐射能直接转换成电能，光电转换的基本装置就是太阳能电池（见图 3.2）。太阳能电池技术始于工业革命时期。1839 年，法国物理学家亚历山大·埃德蒙·贝克勒证明了太阳能电池将阳光转化为电能的能力。四十四年后，美国发明家查尔斯·弗里茨发明了世界上第一个屋顶太阳能电池阵列，利用面板上的硒涂层产生微弱的电流。目前的太阳能电池主要由硅制成。硅是一种具有导电性能的化学元素。用硅元素制成的光伏板暴露在阳光下便会产生直流电。经过近二十年的发展，常规硅材料太阳能电池在材料质量、辅材以及工艺方面都获得了持续的提升。一个标准的商用太阳能光伏板可

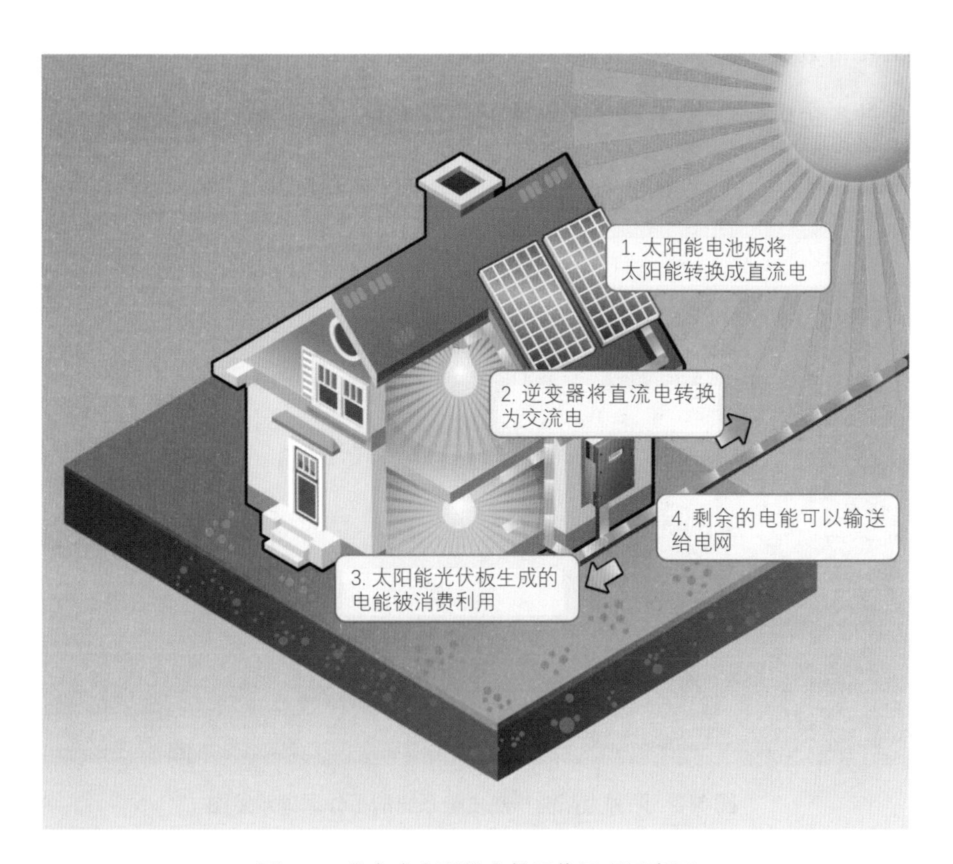


图 3.2 分布式太阳能光伏工作原理示意图

（图片改编自 https://www.freeenergyinformation.com/single-post/2017/06/21/Solar-Energy-101）

以将 12% ～ 18% 的太阳能转化为可用的电能；更高效的太阳能板转化效率可以达到 20% 以上。对比而言，植物通过光合作用，在最好的条件下，也只能将照射到其表面的 1% 的太阳辐射转化为人类可以利用的能量。

太阳能的另外一种利用形式是通过太阳辐射产生的热能进行发电。太阳能集热系统使用反光镜子来集中太阳的热量，通过加热工作流体产生蒸气，进而驱动涡轮机发电。太阳能集热系统易于和储热系统结合在一起，通过以熔盐等材料为储热介质进行储热，因此储热系统可以摆脱太阳光不稳定照射带来的影响。光热发电可以 24 小时进行能量转换，从而实现电力输出“连续、稳定、可控”。当前太阳能集热发电系统按照太阳能采集方式主要可划分为槽式发电、塔式发电等（图 3.3）。粗略统计，截至 2016 年 2 月，全球建成和在建的太阳能光热发电站中，槽式电站数量最多，约占建成和在建光热电站总数的 80%，塔式电站占比超过 11%，其他集热发电形式不足 9%。

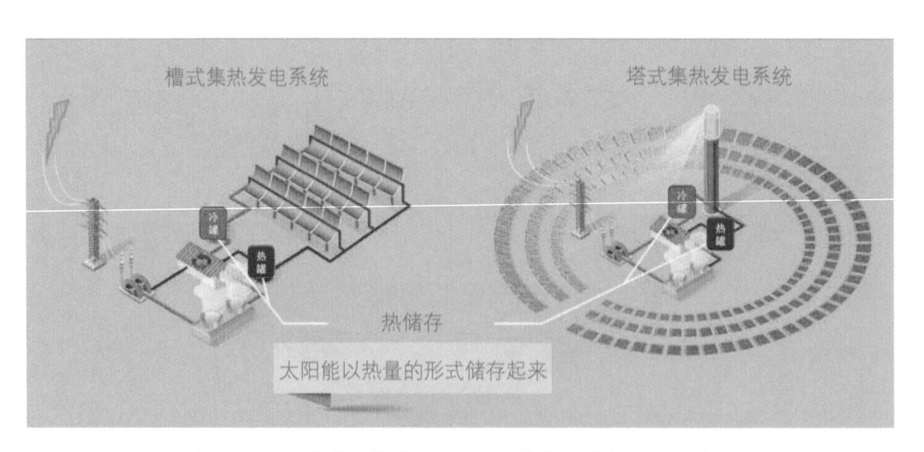


**图 3.3　两种太阳能集热发电系统的工作原理示意图**

（图片改编自 http://helioscsp.com/concentrated-solar-power-could-provide-the-flexibility-and-reliability-the-u-s-electric-grid-needs/）

## 2. 光伏发展现状

2018 年，全球光伏新增装机达到约 110 吉瓦，创历史新高，同比增长 7.8%，其中主要装机国家如美国、印度和日本，装机量分别达到 12 吉瓦、11 吉瓦和 8 吉瓦，同比均有不同程度的增长。欧洲市场整体需求也达到 11 吉瓦，为近五年新高，同比增幅达到 68%。光伏新增装机量占可再生能源装机量的一半以上，累计光伏装机容量占全球可再生能源的三分之一左右。光伏发电从 2013 年的 135 吉瓦，逐步增长到 2017 年的 386 吉瓦，再飞跃到 2018 年的 480 吉瓦，短短五年时间，实现了 3.5 倍的增长（见图 3.4）。其中，亚洲、美国及少数欧洲国家和南美、中东地区等新兴国家和地区成为支撑去年光伏新增装机量的主力（BP, 2019）。

近年来，受光伏技术进步、规模经济效应和竞争加剧等因素影响，光伏设备价格下降速度较快。目前，光伏发电成本在全球多个国家和地区接

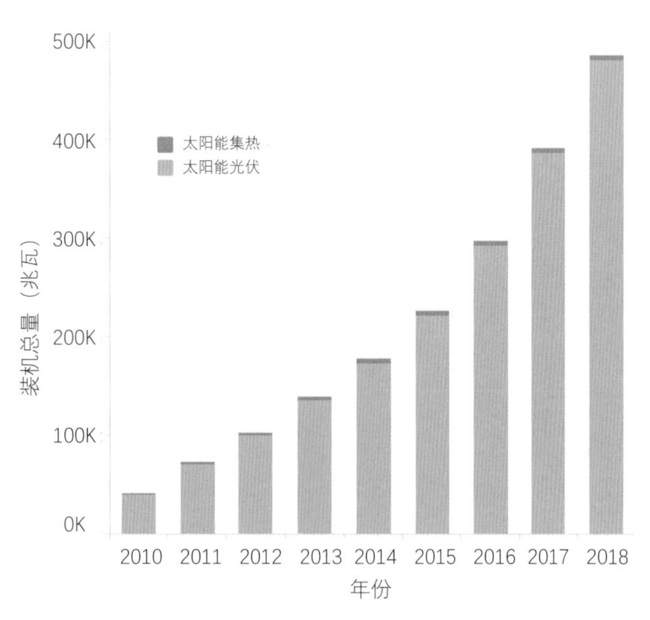


**图 3.4　全球太阳能发电装机总量逐年变化柱状图**

（数据来源于 IRENA，2019）

近甚至低于传统化石能源，成为拉动全球光伏市场增长的主要因素（中国光伏行业协会，2019）。我国光伏发电相关产业的发展在世界上尤其突出，产业规模多年保持世界第一（见图 3.5）。2018 年全年，我国新增太阳能光伏装机容量为43 吉瓦；截至2018 年年底，我国累计光伏装机量已超过170 吉瓦。2018 年全年，我国光伏电池组件出口41 吉瓦，同比增长30%，光伏产品出口额达到161.1亿美元，为二十多个国家实现光伏平价上网提供支撑，为全球应对气候变化碳减排做出了重要贡献。技术进步使得中国太阳能光伏发电水平不断提高，产业规模迅速扩大，在国际市场上的竞争力也不断增强。目前在世界排名前十位的光伏电池生产企业中，中国企业占据八席，中国大陆企业光伏组件产量占全世界的72%以上（中国能源发展报告，2019）。

与太阳能光伏相同，丰富的太阳能资源也是发展太阳能光热发电技术的首要条件。根据国际太阳能热利用区域分类，全世界太阳能辐射强度和日照时间最佳的区域包括北非、中东、美国西南部和墨西哥、南欧、澳大

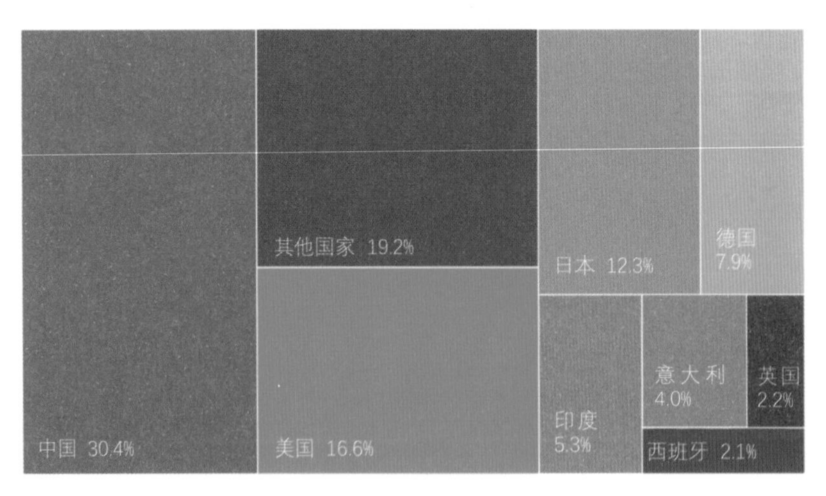


**图 3.5 2018 年各国光伏发电占世界光伏发电总量对比示意图**

（数据来源于BP，2019）

利亚、南非、南美洲东西海岸和中国西部地区等。目前全世界在运、在建和规划发展的太阳能光热发电站基本上都位于上述国家和地区。根据 IEA 数据统计，2018 年，全球太阳能光热新增装机容量为 600 兆瓦，增长了 8%，为 2013 年以来的最大年度增幅（见图 3.6）。其中，中国和摩洛哥增长最快，两个国家分别增加了 200 兆瓦的装机容量。我国太阳能资源丰富，青海西部、宁夏北部、甘肃北部、新疆南部、西藏西部等地区，年辐射总量可达 1855 千瓦时 /$m^2$ ～ 2333 千瓦时 /$m^2$。

### 3. 太阳能光伏利用的环境影响

尽管太阳能是一种分布极广、不需要任何成本就能大量获得的能源，被认为是应对气候变化的重要能源技术，但是最近的一些研究指出了太阳能光伏发电的潜在热岛效应问题（Hu et al., 2016；Taha, 2013）。美国

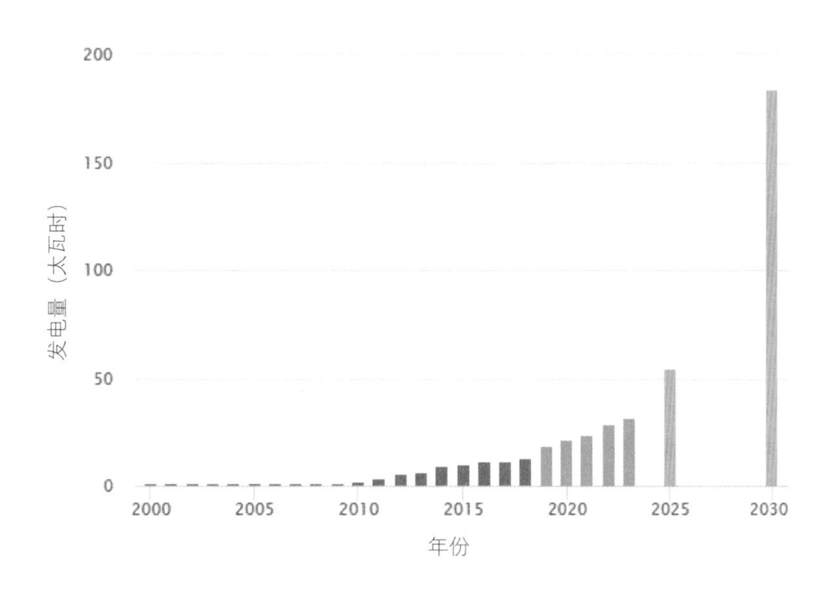


**图 3.6 太阳能光热装机容量变化柱状图**

（深绿色为截至 2018 年年底的历史数据，浅绿色为近期预测数据，黄色为 IEA 可持续发展情景下的数据。数据来源于 IEA【https://www.iea.org/tcep/power/renewables/concentratingsolarpower/#】）

亚利桑那大学研究人员最近在《自然科学报告》杂志上发表了一篇题为《光伏热岛效应：大型太阳能发电厂增加当地温度》的论文（Barron-Gafford et al.,2016）。文章指出，太阳能发电厂的环境温度与周围原始沙漠环境温度存在较大差异，具有明显的热岛效应。该研究区域的一个太阳能发电厂的平均温度比附近的沙漠高 3℃～4℃（图 3.7）。这种热岛效应的发现可能会影响未来关于大规模安装太阳能设施的决策。此外，开发太阳能需要大量的太阳能电池板，这些电池板会随着时间而退化和淘汰。对于一些国土面积较小的国家来说，如何处理这些用完的太阳能电池板已经成为一个非常棘手的问题。

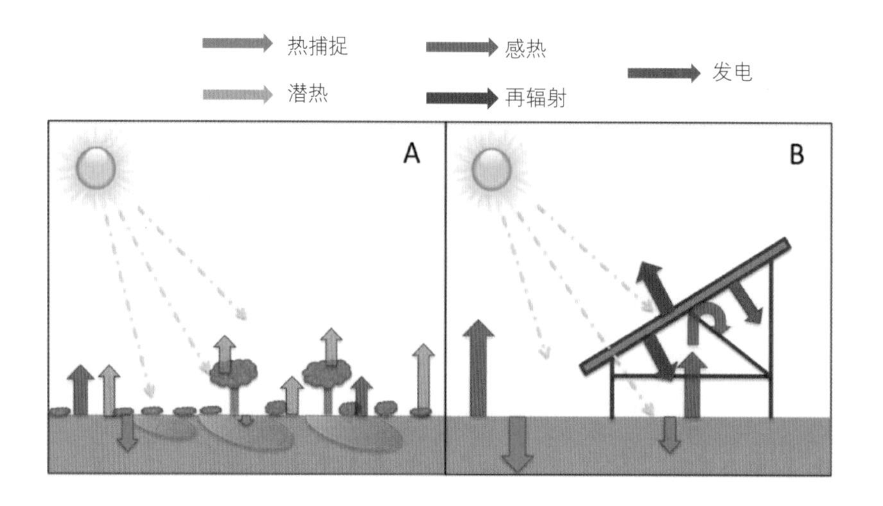


**图 3.7 太阳能发电热岛效应图**

（在获得相等太阳能的情况下，一个由自然生态系统组成的土地 [A] 和由光伏板覆盖的土地 [B]，他们的热量通量有很大区别。在自然生态系统中，植被减少了土壤对太阳热量的捕获和储存 [ 橙色箭头 ]，地下水和植被还可以通过蒸腾作用释放出潜热 [ 蓝色箭头 ]。在典型的光伏装置中，潜热的通量显著减少，导致大量的感热释放 [ 红色箭头 ]，而且光伏板所吸收能量的再辐射 [ 棕色箭头 ] 也会导致地表升温。Barron-Gafford et al.,，2016）

## 二、风能

### 1. 风能技术

风能所具有的能量也是源自太阳能。风的形成是由三个同时发生的事件组合引起的：太阳不均匀地加热大气、地球表面照射的不规则分布和地球自转。上面所述的三个因素造成的空气流动所形成的动能即为风能，风能的大小取决于风速和空气的密度。“风能”和“风力”这两个词语都描述了风能被用来产生机械动力或电力的能力。风力涡轮机将风能转化为机械能，这种机械动力可以用于一定的工作当中（如抽水），或者进一步将这种机械动能转换成电能。风力涡轮机旋翼叶片的工作原理类似于飞机机翼或直升机旋翼叶片，当风穿过叶片时，叶片一侧的气压减小，叶片两侧空气压力的差异造成了升力和阻力，当升力大于阻力，就导致转子旋转，转子直接连接到发电机上，或者通过轴和一系列齿轮（齿轮箱）来加速旋转，把空气动力转换成发电机的旋转就产生了电能(见图3.8)。与陆地风电相比，海上及潮间带风电机组所处的环境截然不同，海上风电技术比陆地风电复杂，在设计、施工风电场过程中，必须考虑海上风资源特性、海流、波浪、潮汐、海床条件、冲刷等因素的联合作用，可以说海上风电技术代表了当前风电技术的较高水平（Archer & Jacobson, 2005）。

### 2. 风能发展现状

由于风力发电技术进步，设备成本下降，风力发电全球范围内的装机量正在不断攀升。IRENA 的最新数据显示（IRENA，2019），过去二十年，全球陆上和海上风力发电装机容量增长了近 75 倍，从 1997 年的 7.5 吉瓦跃升至 2018 年的 564 吉瓦（见图 3.9）。

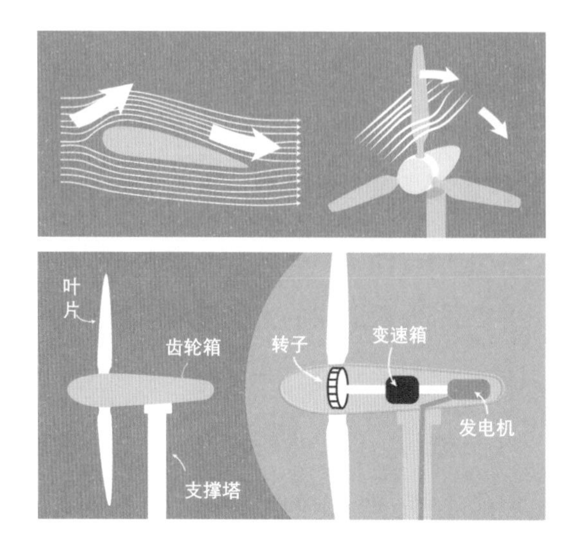


图 3.8 风力发电机主要组成部分及工作原理示意图
（图片改编自 https://www.powershop.com.au/blog/wind-energy-how-wind-farms-generate-electricity）

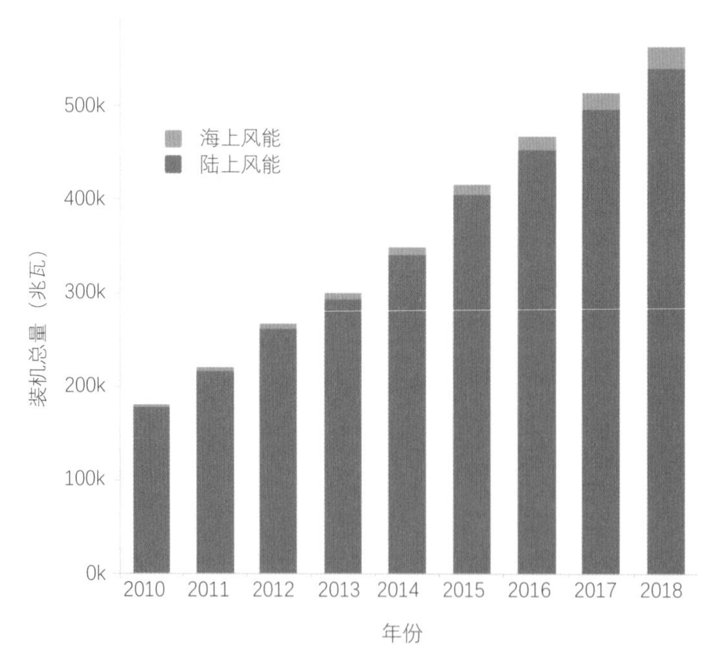


图 3.9 2010-2018 全球风力发电装机总量变化柱状图
（数据来源 IRNEA）

目前，世界各国在风力发电规模上存在着很大的差异。2002 年，世界上超过 85%的风力发电效能设备主要分布在五个国家：德国、西班牙、美国、丹麦和印度。自 2007 年以来，中国替代了丹麦跻身前五。德国在 1997 年至 2007 年间拥有世界上最大的风力发电设备，但是在 2008 年被美国超越。至 2009 年年底，德国和中国装机量处于相同的水平。2010 年，中国风力开发上升到全球第一的位置，与此同时，德国回落到世界第三。目前，中国风力发电占全世界风力发电量的 29%（图 3.10）。

《中国可再生能源发展报告 2018》指出，从“十二五”到“十三五”的十年间，我国风力发电年增长规模持续保持在 20 吉瓦左右。据中国风能协会初步统计数据（北极星数据研究中心，2019），截至 2018 年年底，我国风力发电新增并网容量 21.14 吉瓦，累计并网 210 吉瓦；全年风力发电上网发电量达到 357 太瓦时，占全部发电量的 5.2%。2018 年，我国海上风力发电新增装机容量 1.66 吉瓦，累计装机容量达到 4.45 吉瓦。目前，我国已打破国外的技术垄断，实现了风电机组整机由 100 kW 级向 MW 级跨越式发展；风电机组整机及零部件国产化率达到 85% 以上。

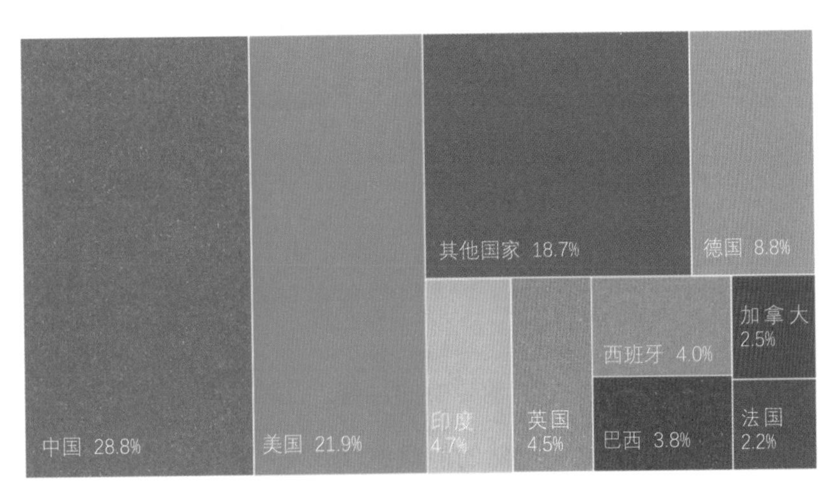


图 3.10　2018 年各国风力发电占世界风电发电总量对比示意图

（数据来源于 BP，2019）

### 3. 风能利用的环境影响

哈佛大学研究人员发表在《焦耳》杂志上的研究指出（Miller & Keith, 2018），如果美国大规模开发风力发电来供应全美的电力使用的话，那么大量的涡轮机会使美国的平均气温上升 0.4℃左右，一些中部地区将局部升温 2.5℃左右。涡轮机导致温度升高的原理是：随着风力涡轮机从大气流动和低速风速中提取动能，风速的垂直梯度变陡，向下夹带作用增加了上层空气和近地面空气的混合。正常情况下，夜间的空气相对于白天更加静止，冷空气停留在地表附近，暖空气停留在稍高的位置。涡轮机的转动把暖空气带下来，把冷空气送上去，因此地面被加热。这种影响虽然在白天不太明显，但仍然存在。在拥有大量风力涡轮机的地区，如美国得克萨斯州北部，夜间气温会因为涡轮机的空气流动升高 1.1℃左右。这种风力发电对气候的影响是首次发现，之前的研究表明涡轮机周边升温主要是由于涡轮机本身产生的热量耗散所造成的，但新的研究证明了风对气候的影响不仅仅是热量耗散，涡轮与大气的相互作用严重地改变了地表—大气之间的能量通量。该研究进一步强调，美国风力涡轮机在短期内造成的气候变暖的影响，将超过美国向大气中排放的 $CO_2$ 所造成的影响。

## 三、水力

### 1. 水力技术

水力发电过程也是一个能量转换的过程。江河湖水里面蕴藏着巨大能量（动能或势能），将这种自然的能量加以开发利用转化为电能，就是水力发电。构成水能的两个基本要素是流量和落差，流量由河流本身的水量所决定，水的流动会产生动能，但直接利用河水的这种动能效率会很低。另外一种利用水力的方式，就是开发势能。利用势能必须有落差，但河流自然落差一般沿河流逐渐形成，在较短距离内水流自然落差较低。需要通过适当的工程措施，人工提高落差，并将分散在各个零散自然落差中的势能集中起来，形成大规模的水利资源。在天然的河流上，修建水坝，通过引水道将高位的水引导到低位置的水轮机，使水的势能转变为旋转机械能，带动与水轮机同轴的发电机发电，实现从水能到电能的转换（见图 3. 11）。水力发电也是人类最早用于发电的方式之一，两千多年前，古希腊人就开始使用水力来驱动车轮来研磨谷物。

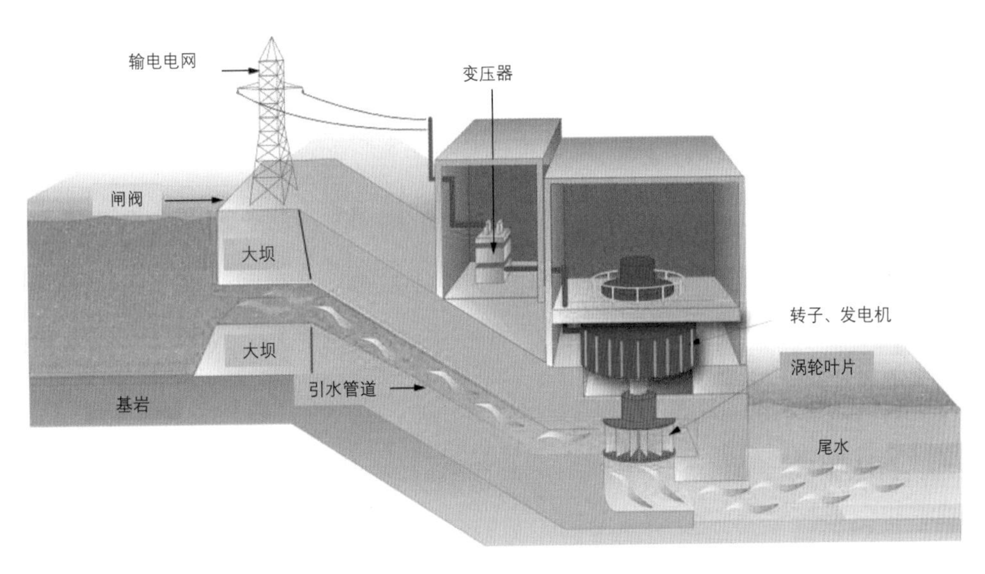


图 3. 11　蓄水水坝发电工作原理示意图

（图片改编自 https://www.basicknowledge101.com/subjects/energy.html）

## 2. 水力发电发展现状

水力是分布广泛的资源之一，也是最具成本效益的发电方法之一。全世界有 160 个国家在一定程度上都有水力发电的资源和能力。在一些国家中，水电是电力生产的较大贡献者，如挪威 99% 的电力来自水力发电。目前，中国、巴西、加拿大、美国和俄罗斯生产了世界上一半以上的水电（见图 3.12）。世界上最大的水电站是中国 22.5 吉瓦的三峡水电站。它每年生产 80 ～ 100 太瓦时电力，足以供应 7000 万到 8000 万户家庭。从理论上讲，如果按全世界的河流都流到海平面的高度计算，那么可以产生超过 10 太瓦的发电功率（McElroy,2010）。

据世界能源理事会 (World Energy Council) 统计，截至 2018 年，全世界有 4.5 万座大型水坝，还有许多规模较小的水坝，它们满足了全球近五分之一的电力消耗；全球水电装机容量累计达到 1292 吉瓦（见图 3.13），水电项目的发电量达到创纪录的 4200 太瓦时。世界最大的水电生产国是中国，截至 2018 年年底，我国水电总装机容量达到 35226 万千瓦。其中，常规水电 32227 万千瓦，抽水蓄能电站 2999 万千瓦，水电装机容量占全国发电总装机容量的 18.5%（水电水利规划设计总院 ,2019）。2018 年，中国新增水电装机容量 8540 兆瓦，其次是巴西（3866 兆瓦）。巴西现已成为第二大水电生产国，装机容量在 2018 年达到 104.1 吉瓦（见图 3.12）。

### 3. 水力发电的环境影响

与太阳能、风能发电不同，水电几乎可以在不受时间或天气影响的情况下，对不断变化的电力需求做出及时反应。水电一直被认为是低碳电力的主要来源，可用于减少温室气体排放，应对气候变化。然而，最近的一项研究表明，水力发电同样会排放出大量的温室气体。根据发表在《生物科学》（Deemer et al.， 2016）上的一项研究，开发水电大坝同样会加速全球变暖。研究人员发现，全球水坝每年排放约 10 亿吨 $CO_2$ 当量的温室气体，相当于加拿大每年的总排放量，相当于每年全球人为温室气体排放总量的

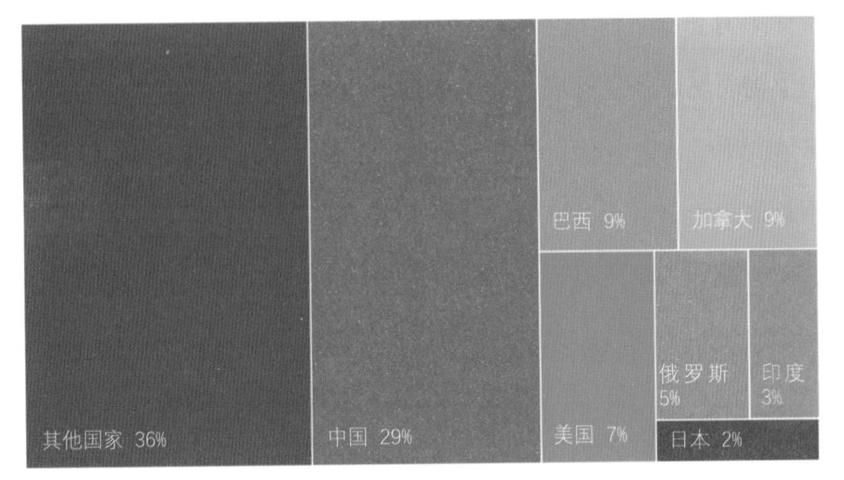


图 3.12 2018 年各国水力发电占世界水电总量对比示意图
（数据来源于 BP，2019）

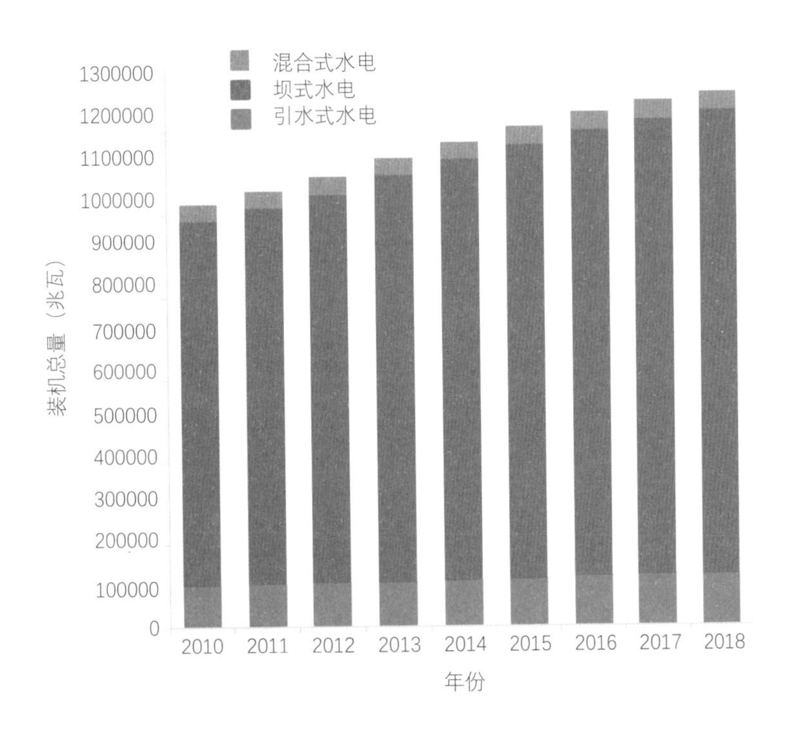


图 3.13 2010-2018 年世界水电装机总量逐年变化柱状图
（数据来源于 IRENA）

1.3%。如果考虑未来一百多年的水坝使用时间，水坝产生的甲烷比水稻种植园和生物质燃烧产生的甲烷总和还要多。该研究强调，按单位面积计算，水坝排放的甲烷比之前估计的要多 25%（Deemer et al.，2016）

水坝产生大量的温室气体主要有几点原因（图 3.14）。首先，修建大型水坝和水库会导致大片土地被淹没。这些土地上原来存有大量的有机生物，有机物中的碳在厌氧的环境中形成甲烷，溶解的甲烷在水中积聚（Kumar et al.，2019）。其次，河流继续流入水库，不仅从上游输送来了大量的有机物和沉积物，还为水坝输送了人类活动所产生的氮和磷等营养物质，进一步推动藻类生长，并为微生物分解和转化为甲烷提供了更多的物质。第三，水库的水位波动比天然湖泊大。水位的下降加强了甲烷气泡释放到大气中的量。水位上升又再一次淹没了水位以上生长出的有机物。当水流经过水坝的涡轮时，溶解在水中的甲烷由于涡轮搅动再一次被释放出来。从气候变化的角度来看，更令人担忧的是，水库排放温室气体中 80% 是甲烷，虽然在大气中存在的时间相对较短，但在短期内会产生非常强烈的变暖效应（Song et al.，2018）。

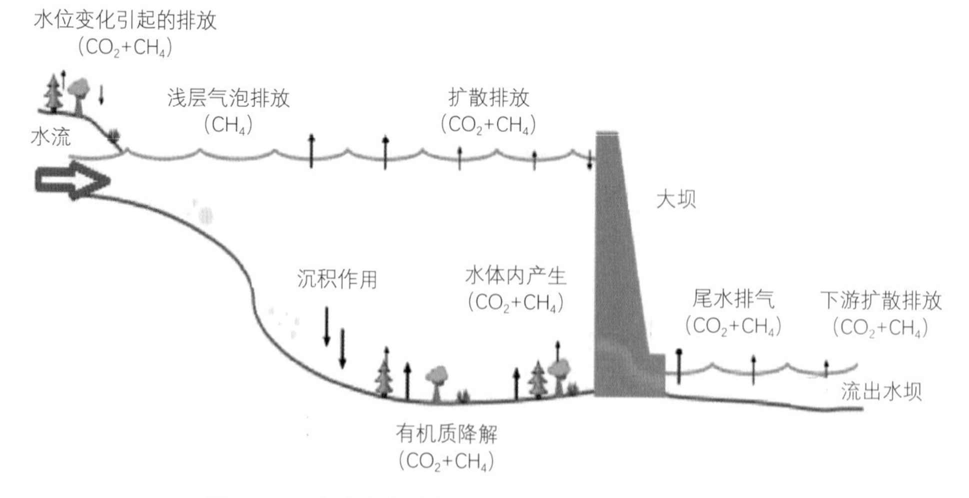


**图 3.14　水力发电过程中的温室气体排放途径示意图**

（图片改编自 Kumar et al., 2019）

## 四、生物质能

### 1. 生物质能技术

生物质能的本质是太阳能以化学能形式贮存在生物有机体中的一种能量形式，直接或间接通过植物的光合作用形成。生物质能的主要形式有薪柴、木质废弃物、农业秸秆、牲畜粪便、制糖作物废渣、城市垃圾和污水、水生植物等。生物质能是人类社会活动早期利用的能源，即使在今天，它仍然发挥着重要作用。在过去，生物质能是通过在火和炉灶中燃烧来获取其中的能量。随着技术进步，现在有多种方式可以获取生物质中的能量，包括直接燃烧、生物转化沼气、生物质气化、提炼植物油技术、制取乙醇和甲醇等。例如，生物乙醇可以由玉米和甘蔗等农作物制成，这些作物经过发酵，产生了用于汽车的燃料乙醇。生物柴油可以是由植物油和动物脂肪制成的，可作为汽车和取暖用油。

### 2. 生物质能发展现状

IEA数据表明（IEA，2018），2018年全球发电量达到26.672万亿千瓦时，生物质与垃圾发电占3%。欧洲是全球最大的生物质能源市场，2017年欧洲生物质能源发电装机累计容量达到36.74吉瓦，同比增长3.43%，远高于同期美国的生物质发电装机容量规模（13.07吉瓦）。虽然美国的生物质发电累计装机容量低于欧洲，但美国的生物质发电技术处于世界领先水平，生物质发电已成为美国配电系统的重要组成部分。目前美国已经建立了超过450座生物质发电站，生物质能发电累计装机规模仍在不断增长。美国是全世界生产生物质燃料最多的国家，占全世界产量的40%（来自美国各大农场的农业废弃物、木材厂或纸厂的废弃物是美国生物质发电的主要原料）；

其次是巴西，占 22%；中国目前占 3%（图 3.15）。根据国际能源署的预计，到 2020 年，西方工业国家 15% 的电力将来自生物质发电，届时，西方将有超过 1 亿个家庭使用的电力来自生物质发电。我国生物质发电技术起步晚，但是发展速度快，截至 2018 年，生物质能发电累计装机达到 1781 万千瓦。我国生物质发电项目中，垃圾焚烧发电所占比重相对较大，占 49% 左右；直燃发电的比重在 47% 左右；沼气发电的项目类型最少，占比不足 4%（中国可再生能源发展报告，2018）。

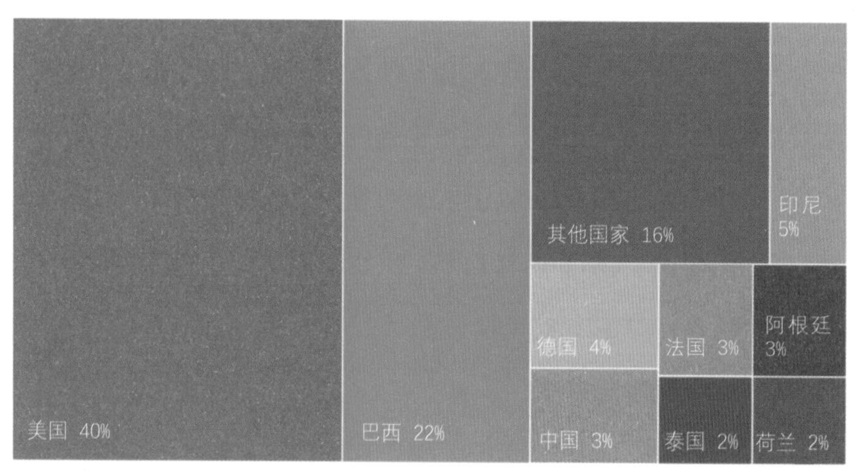


图 3.15　2018 年主要国家生物燃料生产占全世界产量对比示意图
（数据来源于 BP，2019）

### 3. 生物质能利用的环境影响

生物质能源发展面临的主要问题是生物的生长受土地可利用面积、光合作用效率和水资源供应等条件的限制。世界上适合植物生长的土地有限，其中大部分被用来为不断增长的全球人口种植粮食。通过市场机制去推动生物质燃料和粮食之间的土地分配还存在很多问题和不确定性，从农作物转到生物质燃料种植的土地利用变化也可能对气候产生影响。鉴于这种土地利用竞争，Bajzelj et al.（2014）强调，“除非粮食需求模式发生变化，否则没有多余的土地用于生物能源发展”。还有研究表明，在世界 73% 的土地上，开发太阳能会比开发生物能源多提供 100 倍以上的能源（Searchinger et al.,2017）（见图 3.16）。除此之外，气候变化可能改变适宜土地供应量，会进一步限制能源作物的种植；而且长期使用农药和化肥，其残留物可能会让本来肥沃的土地失去储碳的能力，生物物质燃料的长期可持续性可能无法实现。

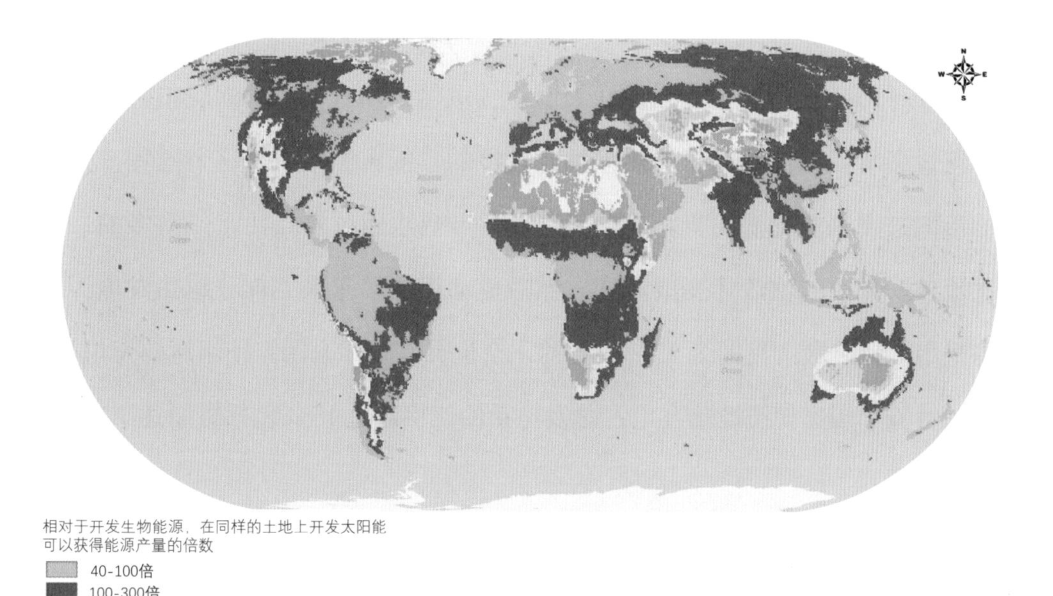


**图 3.16　开发太阳能与生物乙醇土地利用效率的比较**

（在世界 73% 的土地上，开发光伏的能源产出将超过生物能源产出 100 倍以上。此外，在比率低于 100 的 27% 的土地上，平均能源产出比率将是 85:1。数据来源于 Searchinger et al.，2017）

## 五、地热能

### 1. 地热能技术

地球内部含有大量的热量，其中一些是地球形成初期时遗留下来的，另一些是由放射性元素衰变产生的。由于岩石导热性差，这些热量流向地表的速度非常缓慢。地热能技术就是利用这种缓慢流动和释放的能源，其主要优点是不依赖于天气条件，具有很高的容量因子。地热能的利用并不是一项新技术。早在1904年，在意大利Larderello就建成了世界上第一座地热发电厂。除了发电外，地热资源也可以直接利用，如小型地热热泵可以直接为房屋和建筑供暖。目前，地热发电主要有三种类型：干蒸汽、快速蒸气和二元地热发电厂。干蒸汽是最古老的地热技术，如意大利Larderello地热电厂，它从地面裂缝中提取蒸汽，直接驱动涡轮机。快速蒸气设备可以把深处高压的热水抽到较冷的、低压的水里。这个过程产生的蒸汽被用来驱动涡轮机。在二元装置中，热水通过沸点比水低得多的二次流体，导致二次流体变成蒸汽，然后驱动涡轮。未来大部分地热发电厂将采用二元装置（见图3.17）。目前，全世界有几十个国家使用地热发电，其中有五个国家使用地热发电占总发电量的比例超过15%，包括哥斯达黎加、

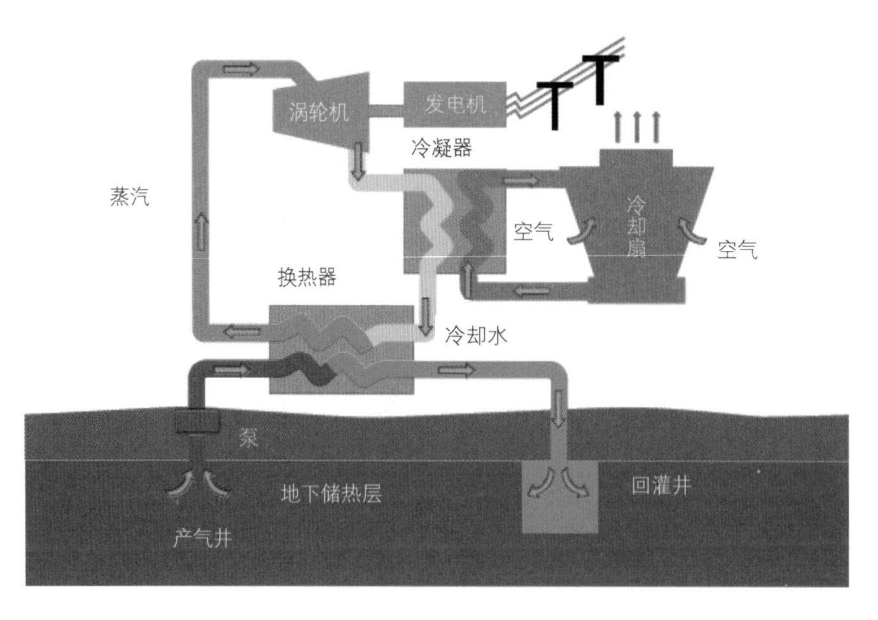


**图3.17　二元地热电厂工作原理示意图**

（图片改编自 https://www.basicknowledge101.com/subjects/energy.html）

萨尔瓦多、冰岛、肯尼亚和菲律宾。

### 2. 地热能发展现状

截至2018年年底，全球地热装机容量已接近14000兆瓦（见图3.18）。全球大约有90个国家拥有可利用的地热资源，但目前只有24个国家使用地热发电，潜在的巨大地热发电能力现在只有不到15%的利用率。冰岛仅有三十多万人口，但以755兆瓦的地热发电装机位列全球十大地热国家之一。美国的地热装机超过了3000兆瓦，但仍不足该国电力需求的1%，其中加利福尼亚州提供了美国地热发电量的75%。菲律宾地热发电占该国全部发电量的27%，但装机不足2000兆瓦。印度尼西亚位于亚欧板块和印度洋板块交界处，火山岛屿众多，地热资源丰富，拥有全球40%的潜在地热资源，意味着28000兆瓦的潜在装机能力，目前正在开发数十个新的地热发电厂，

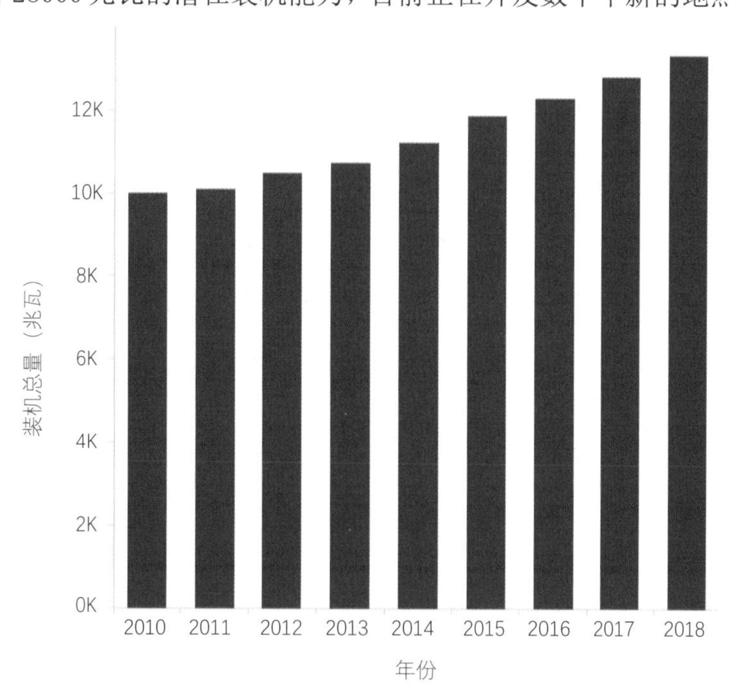


**图3.18　世界地热发电总装机容量逐年变化柱状图**

（数据来源于IRENA）

但目前地热发电占印尼总用电量的比例不足10%（IEA, 2019g）。2010年以来，我国浅层地热能、中深层地热能直接利用分别以年均28%、10%的速度增长，已连续多年位居世界第一。截至2018年年底，我国北方地区地热供暖面积累计约4.52亿平方米，相比2017年，新增地热供暖面积约0.75亿平方米，同比增长19.9%。我国地热发电累计装机达到4.38万千瓦，较2017年新增1.77万千瓦，同比增加61.7%，排名世界第18位（中国可再生能源发展报告，2018）。

### 3. 地热能利用的环境影响

在开发地热的过程中，地热发电厂的建设可产生地质条件变化的风险，由于要将地热的工作流体注入裂缝性岩石，它可能会产生地震扰动，给周边社区带来不安全的风险。此外，在地热水压力过大的情况下，可能会产生热液喷发的风险。在干旱地区，利用水去提取地热，可能受到水资源的限制（Bayer et al., 2013）。在运维地热的过程中所面临的环境问题主要是化学物质的泄露，$CO_2$会从一些地热田中泄漏；携带了化学物质的地热水会泄露到周边环境中。此外，地热发电厂经常面临二氧化硅结垢的问题，例如，土耳其某地热发电厂的二氧化硅结垢后，该发电厂的性能不断下降，2009年发电量下降了270千瓦时，到2012年，发电量下降了760千瓦时（Anderson & Rezaie, 2019）。

## 六、核能

### 1. 核能技术

核反应是指通过裂变、聚变或者衰变的形式，将原子核中间的一部分能量释放出来。核能主要分为裂变和聚变两种方式，目前前者技术主要用来开发核电，后者技术主要运用在武器研制开发方面。核裂变的主要原料是铀，所产生的能量巨大，平均来说，一克铀 -235 裂变时释放的能量相当于 2.7 吨标准煤完全燃烧所释放的能量（见表 3.1）。20 世纪五六十年代建造的验证性核电站为第一代核电技术；七八十年代标准化、系列化、批量建设的核电站称为第二代；第三代核电技术是指 90 年代开发研究成熟的先进轻水堆；第四代核电是由美国能源部发起，并联合法国、英国、日本等九个国家共同研究的下一代核电技术。该技术仍处于开发阶段，预计可在 2030 年左右投入应用。第四代核能系统将满足安全、经济、可持续发展、较少的废物生成、燃料增殖的风险低、防止核扩散等基本要求（McElroy, 2010；Honders, 2018）。核能发电与火力发电相似，只是以核反应堆及蒸汽发生器来代替火力发电的锅炉，以核裂变能代替化石燃料的

**表 3.1　各种能源载体的热值或能量密度（Sornette et al., 2019）**

| 能源载体 | 热值或能量密度（MJ/kg）<br>（风能和太阳能为W/$m^2$） |
|---|---|
| 铀反应堆（$^{238}$U-$^{239}$PU混合） | 80620000 |
| 天然气 | 47.1 |
| 原油 | 42.7 |
| 汽油 | 43.4 |
| 柴油 | 42.8 |
| 黑煤 | 22.7 |
| 石油焦 | 29.5 |
| 生物质 | 16-18 |
| 风能（1 Watt=1 J/s） | 不理想（$<$150W/$m^2$）<br>一般（150-250W/$m^2$）<br>较好（250-350W/$m^2$）<br>理想（$>$350W/$m^2$） |
| 太阳能 | 欧洲 5W/$m^2$<br>沙漠 20W/$m^2$ |
| 氢能 | 120.2 |
| 储能电池 | 0-1 |

化学能。除沸水堆外，其他类型的动力堆都是一回路的冷却剂通过堆心加热，在蒸汽发生器中将热量传给二回路或三回路的水，然后形成蒸汽推动汽轮发电机（见图 3.19）。

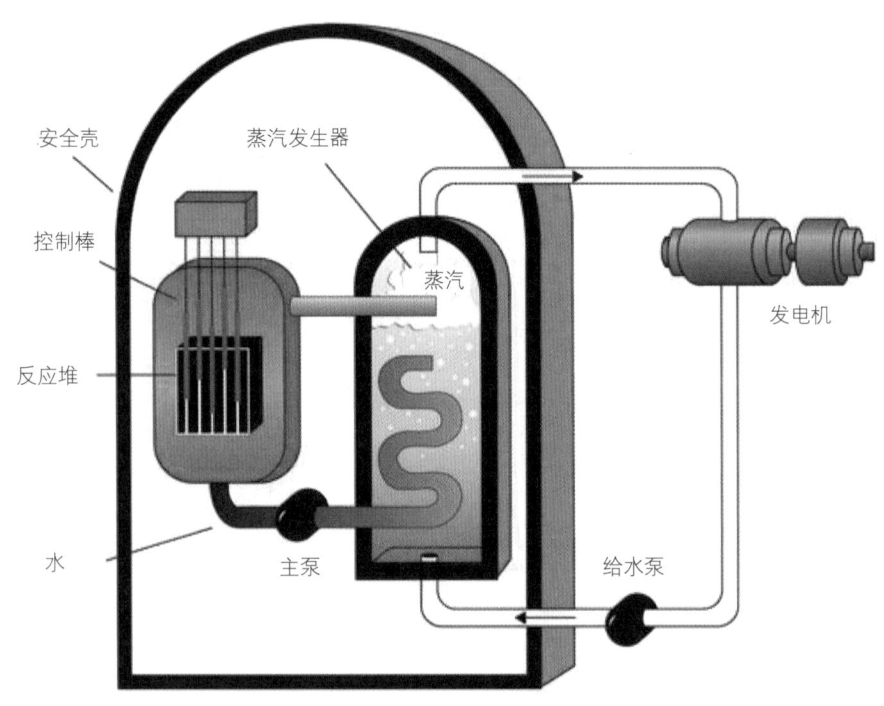


图 3.19 核能发电原理示意图

（图片改编自 https://opentextbc.ca/introductorychemistry/chapter/nuclear-energy-2）

## 2. 核能发展现状

根据 IEA 统计，2018 年全球 452 个（见图 3.20）在运的核电机组发电量为 2700 太瓦时，占全球发电总量的 10%，在新能源发电里面仅次于水电（4239 太瓦时），远高于风电（1217 太瓦时）、光伏（582 太瓦时）和其他可再生能源（762 太瓦时）。在发达经济体中，核电在发电量中的占比达到 18%，是最大的低碳电力来源。然而，近年来，核电在全球电力供应中的占比持续下降，这是因为现有的核电机组正在老化，新增的装机也逐渐减少，

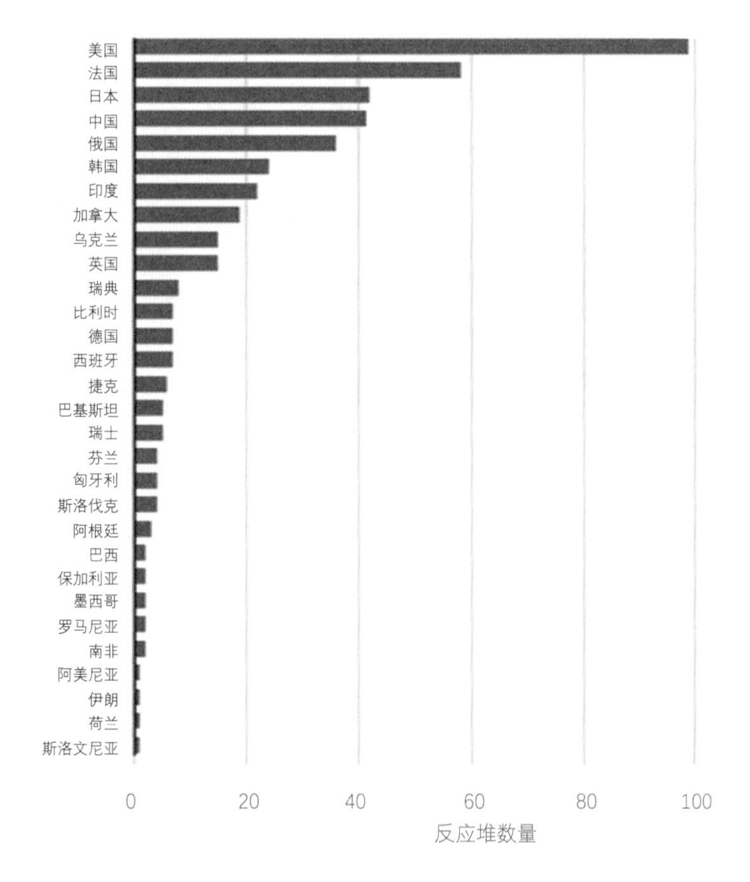


**图 3.20 截至 2018 年年底，全球 452 座在运核电机组的区域分布情况**

（数据来源于国际原子能机构网站）

20 世纪 70 年代和 80 年代建造的一批电厂已经退役。截至 2018 年，美国仍然是最大的核能发电国家，占全世界核电发电总量的 32%，法国占 16% 居世界第二，中国占 11% 居第三，俄罗斯占 8% 居第四（见图 3.21）。

根据《中国核能发展蓝皮书》显示，2018 年底，我国投入商业运行的核电机组共 44 台（不含中国台湾地区核电信息），装机容量达到 44645.16 兆瓦（额定装机容量）。其中，7 台新的核电机组在 2018 年投入商业运行，装机容量为 8838 兆瓦。2018 年，我国累计发电量为 67914.20 亿千瓦

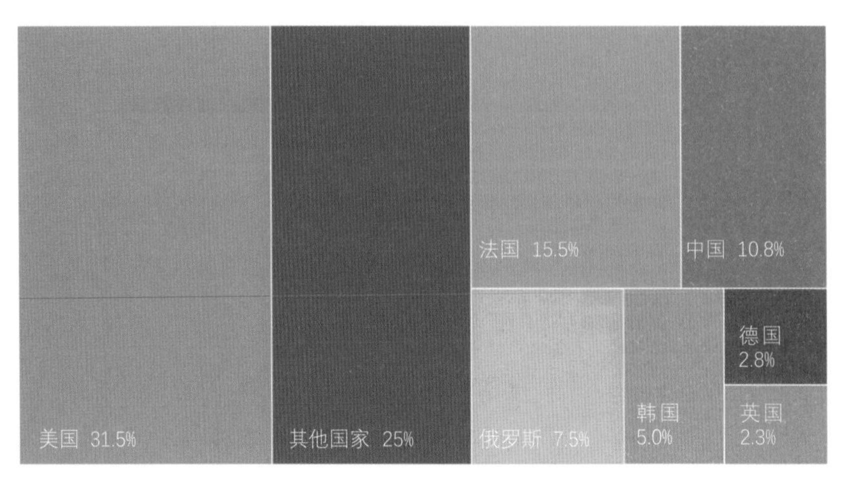


图 3.21　2018 年主要国家核电发电量占全世界核电总量的对比示意图
（数据来源于 BP，2019）

时，商运核电机组累计发电量为 2865.11 亿千瓦时，约占全国累计发电量的 4.22%。

### 3. 核能利用的环境影响

一般来说，核能所造成的影响和危害主要有两个方面，即核事故风险和核废料处理泄露的风险，而且基本都与辐射有关。目前，对上述两方面影响的具体程度的判定还有很大的不确定性。自 20 世纪 50 年代中期商业核电站投入使用以来，一共发生了三起涉及核能反应堆的大规模事故：美国宾夕法尼亚州的三里岛、乌克兰的切尔诺贝利和日本的福岛（McCombie & Jefferson，2016；Mara，2011）。发表在 *Yale Environment* 360 上的一篇文章对核事故引发的辐射问题进行了总结和评价：1979 年 3 月，三里岛反应堆部分熔毁，在事故中，三里岛周围大约有 200 万人受到的平均辐射剂量仅比正常背景辐射剂量高约 1 毫雷姆，相比较而言，胸部 X 光照射的剂量约为 6 毫雷姆。1986 年，切尔诺贝利一座大型石墨慢化水冷反应堆发生爆炸并随后烧毁，这无疑是历史上最严重的核事故。事故发生后，29名救灾人员死于急性辐射。在随后的三十年里，由27个会员国的资深科学家组成的联合国原子辐射影响科学委员会定期观察和报告切尔诺贝利事故对健康的影响。报告指出，没有发现受切尔诺贝利辐射影响的人群受到长期健康影响，2011年3月，日本福岛第一核电站发生重大地震和海啸后发生事故。海啸淹没了三个动力反应堆的供电和冷却系统，导致它们熔化并爆炸。截至2011年5月底，在该工厂附近居住的195345名居民中，没有发现有害健康的影响。所有接受甲状腺暴露测试的1080名儿童的结果都在安全范围内。

核废料不仅产生于核电站中，也产生于核燃料生产加工、同位素生产等领域。和其他工业废料相比，核废料最大的特点就在于带有放射性。根据放射性强度的不同，核废料可分为高放废料和中低放废料。高放废料主要来源于核电站燃烧后的核燃料，一般称为乏燃料。这些乏燃料由于在核电站堆芯中发生了裂变反应，具有很强的放射性。中低放废料则包括所有没有被列为高放废料的核废料，它主要来源于核电站使用过的工作服、手套、废弃退役的仪器设备等。目前核废料的储存技术表明核废料是可以安全管理和处理的，但相关的法规和标准仍然不具有全球统一性，也在一定程度上限制了全球民用核投资和高效的项目开发。国际上对高放射核废料有两种处理方式，一种是直接把乏燃料当核废料，经过处理装在金属罐里直接埋到很深的地层下，像美国、俄罗斯、加拿大、澳大利亚等幅员辽阔的国家目前都是这样做的。还有一种是将装有核废料的金属罐投入选定海域4000米以下的海底（Honders, 2018）。中国对高放射废物的处理方式是先把乏燃料送到处置场进行玻璃固化，之后再放到至少500米深的地层内埋藏。美国是世界最大的核废料产生国，上百个核电站每年产生约2000吨核废料，其中高放射性的乏燃料分布在39个州的131个暂存地点。中国已建有两座中低放射核废料处置库，并准备再建两座，但还没有一座高放射处置库。已建成的两座中低放射核废料处置库，分别位于甘肃玉门和广东大亚湾附近的北龙（王驹等，1998）。

## 七、氢能

### 1. 氢能技术

20世纪70年代，第三次中东战争导致世界范围内的石油危机后，美国通用汽车公司提出了氢经济概念，主要讨论了氢气取代石油成为支撑全球经济的主要能源的市场运作体系。经过近四十年的发展，氢能利用方面取得了一定成就。在能源转型过程中，氢被认为是一种清洁能源的载体，具有清洁高效、可储能、可运输、应用场景丰富等特点。氢能也是实现电力、热力、液体燃料等各种能源品种之间转化的媒介。凭借氢燃料电池技术，氢能可以在不同能源网络之间进行转化，可以将可再生能源与化石燃料转化成电力和热力，也可通过逆反应产生氢替代化石燃料或进行能源存储。

地球上基本不存在游离态的氢（氢气），氢气需要用其他能源来制取。制氢的原理主要有两种：一种是断裂C-H键，主要从烃类物质（煤、天然气等）提取；另一种是断裂O-H键，主要为水分解。现阶段流行的制氢工艺有电解水制氢、甲烷水蒸气重整制氢、煤制氢、甲醇制氢、氨分解制氢等；除电解水是从O-H断裂外，其他方式基本都是利用化石能源C-H键断裂制取。因为主流的制氢仍是以化石能源制氢为基础，在制氢的过程中同样排放大量的温室气体，因此迫切需要一种经济环保的制氢方法来支撑氢能产业。未来利用核能大规模制氢也许是行之有效的办法。通过热化学方法，把核电厂产生的高温蒸汽与热化学制氢工艺相结合，这种方法减少了从热到电的能量转换这一中间过程，预期制氢效率可达50%以上。

### 2. 氢能发展现状

截至2018年年底，全球共有369座加氢站，其中欧洲152座，亚洲136座，北美78座。中国目前17座，在建38座（刘坚，2019）。目前全球的氢气传输管道的规模还很小，这极大地限制了氢燃料电池汽车等终端使用。氢气在成本上并不占有优势，加之安全问题，并没有大规模民用。

我国已具备一定氢能工业基础，全国氢气产能超过2000万吨/年，但生产主要依赖化石能源，消费主要作为工业原料。国内由煤、天然气、石油等化石燃料生产的氢气占了将近80%，工业副产气体制得的氢气约占20%，电解水制氢占不到1%。相比之下，氢能储运和加注产业化整体滞后。压缩氢气与液态、固态和有机液体储氢技术相比相对成熟，但与产业化相比仍有距离。压缩氢气主要通过气氢拖车和氢气管道两种方式运输。目前，国内加氢站的外进氢气均采用气氢拖车进行运输。由于气氢拖车装运的氢气重量只占运输总重量的1%～2%，比较适用于运输距离较近、输送量较低、氢气日用量为吨级或以下的用户。而气氢管道运输应用于大规模、长距离的氢气运输，可有效降低运输成本。国外气氢管道输送相对国内较成熟，美国、欧洲已分别建成2400km、1500km的输氢管道。我国目前氢气管网仅有300～400km。在终端加氢设施方面，目前国内已建和在建站以35MPa为主，也正在规划建设70MPa加氢站，暂无液氢加氢站（刘坚，2019）。

根据国际氢能委员会的预测，到2050年，氢能源将在全球能源需求量中约占20%。在氢能相关领域，每年将创造出2.5万亿美元的市场价值。根据《中国氢能源及燃料电池产业白皮书》，预计到2050年氢能在中国能源体系中的占比约为10%，氢气需求量接近6000万吨，年经济产值超过10万亿元，交通运输、工业等领域将实现氢能普及应用，燃料电池车产量达到520万辆/年。图3.22展示了我国氢能产业发展的路线图。

### 3. 氢能利用的环境影响

氢是二次能源，可以通过多种方式制取，资源制约少。利用氢燃料电池，通过电化学反应直接将氢气转化成电能和水，不排放污染物，相比汽柴油、天然气等化石燃料，其转化效率不受卡诺循环限制，发电效率超过50%，是零污染的高效能源。氢能对环境的影响取决于一次能源结构。一些研究发现，目前我国以煤电为主的电源结构下，化石能源的电解水制氢的全生命周期$CO_2$排放仍然偏高，相比较而言，天然气制氢的减排效果可能会更明显。在未来可再生能源为主的电源结构下，可再生能源的电解水制氢的排放强度将有明显下降。

## 八、新能源汽车

### 1. 新能源汽车技术

在讨论绿色能源技术时，不得不谈论新能源汽车。虽然新能源汽车不是一项能源供给技术，但却被认为是一项重要的温室气体减排技术。全球碳排放总量中交通部门占30%左右（图3.23），交通部门的减排对总体碳减排起到非常重要的作用。新能源汽车有时也称为绿色汽车、清洁汽车、环保汽车或环境友好型汽车。新能源汽车的动力来源可以是部分或者全部为动力电池或者是替代燃料，包括混合动力电动汽车、插电式混合动力电动汽车、动力电池汽车、氢燃料电池汽车和乙醇汽车。目前，在全世界推

## 氢能产业发展路线图

| | 2016 | 2020 | 2030 | 2050 |
| --- | --- | --- | --- | --- |
| | 现状 | | | |
| 产值目标 | 约1800亿元 | 3000亿元 | 10000亿元 | 40000亿元 |
| 产业目标 | 可用于氢能的氢气产能700亿立方米/年 | 可用于氢能的氢气产能720亿立方米/年，初步完成产业链示范 | 可用于氢能的氢气产能1000亿立方米/年，成为新的经济增长点和新能源战略的重要组成部分 | 成为能源结构的重要组成部分；氢能产业成为我国产业结构的重要构成部分 |
| 节能减排 | 消纳弃水、弃风、弃光等富余可再生能源；减量替代煤、石油及天然气等化石燃料；煤炭清洁高效利用 | | | |
| 装备制造 | 氢气制备、储存及运输装备加氢站4座 | 加氢站100座以上；20万千瓦燃料电池发电；10000辆燃料电池运输车辆；氢能轨道交通50列；氢能河湖船舶示范 | 加氢站1000座以上；10000万千瓦燃料电池发电；200万辆燃料电池运输车辆；3000公里以上氢气长输管道 | 加氢站网络构建完成；1000万辆燃料电池运输车辆；完善的氢燃料基础设施及基于氢能的分布式功能系统 |
| 支撑体系 | 逐步建立完善有利于氢能产业发展的支撑体系 | | | |
| | 标准规范<br>财政政策 | 检测认证<br>质量安全 | 技术推广 | 产业发展平台 |

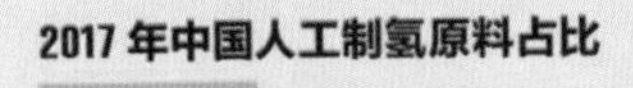

### 2017 年中国人工制氢原料占比



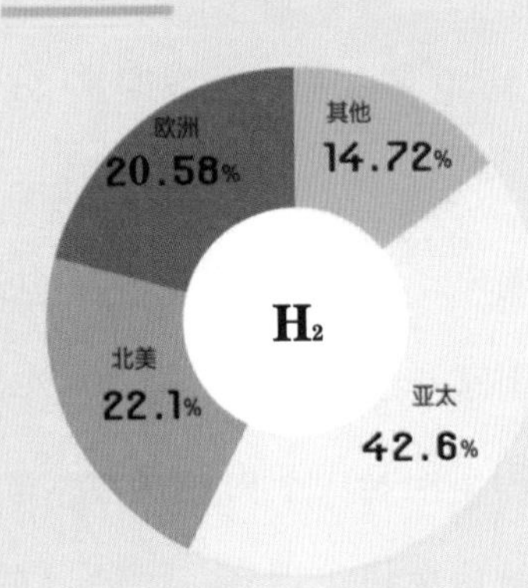



图 3.22 我国氢能产业发展路线图

（引自《中国氢能产业基础设施发展蓝皮书（2016）》）

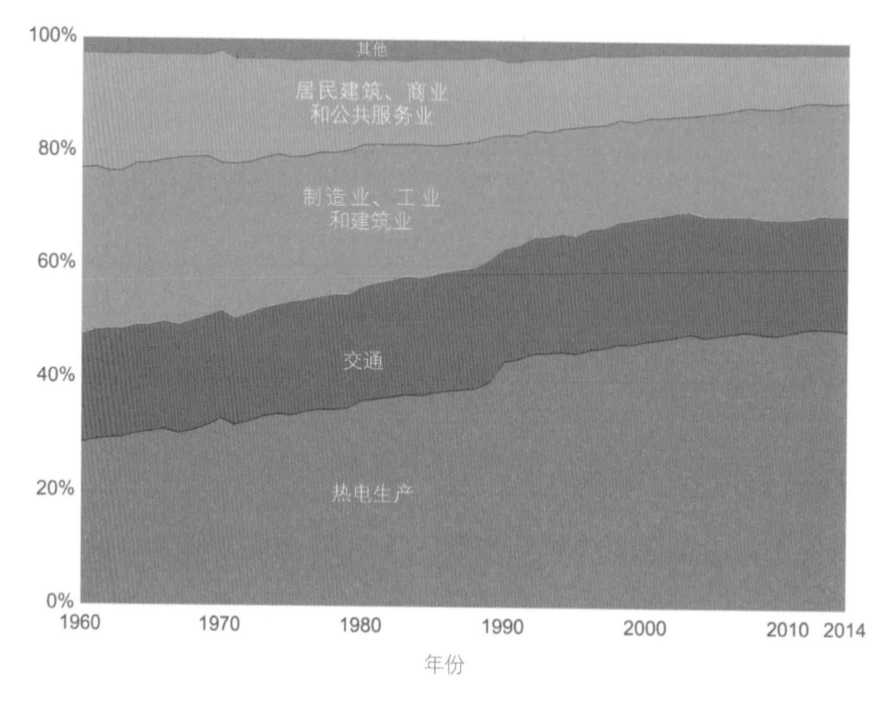


**图 3.23　1960-2014 年世界分部门碳排放占比变化**

广最广泛的新能源汽车是电动汽车。电动汽车是指全部或部分动力由电机驱动的汽车。

早在 1830 年，苏格兰发明家 Robert Anderson 就成功将电动马达装在一部马车上，在 1842 年他与 Thomas Davenport 合作，打造出第一部以电池为动力的电动汽车，自此开创了电动车的历史。随着蓄电池技术的进步，很多西方国家陆续制造出了电动汽车。19 世纪末 20 世纪初，电动汽车在欧美开始应用，但是由于内燃机技术的大幅提高和石油的大规模开采，汽车市场迅速被内燃机车占领，电动汽车则因电池重量大、能量密度低、充电时间长、续航里程和使用寿命短以及制造成本高等原因逐渐淡出大众视野。从 20 世纪 80 年代末起，节能与环保问题成为世界各国非常关注的社会问题，电动汽车又再受瞩目。同时随着科技的发展，特别是新型高能电池技术的发展，电动汽车的续驶里程大大提高、充电时间大大缩短，电动汽车进入了一个新的发展阶段，开始步入实用化阶段。

除了主流的纯电动汽车外，目前很多国家也都在大力发展氢燃料电池汽车。氢燃料电池车的工作原理是将氢气送到燃料电池的阳极板（负极），经过催化剂的作用，氢原子中的一个电子被分离出来，失去电子的氢离子（质子）穿过质子交换膜，到达燃料电池阴极板（正极），而电子是不能通过质子交换膜的，这个电子只能经过外部电路到达燃料电池阴极板，从而在外电路中产生电流。电子到达阴极板后，与氧原子和氢离子重新结合为水。

### 2. 新能源汽车发展现状

IEA 发布的《全球电动汽车展望 2018》（IEA， 2018a）中提到，2018 年全球电动汽车保有量超过 510 万辆，比 2017 年增加 200 万辆（见图 3.24）。中国是电动汽车市场的火车头，中国市场存量超过 200 万辆，主要以纯电动汽车为主；欧洲和美国加起来超过 200 万，三个主要市场存量就接近了 500 万，占了绝大多数。与之相比，全球共有一万多辆燃料电池乘用车，其中超过一半在北美，日本占 26%，韩国占 8%，欧洲主要是德国和法国推广，其保有量为 1500 台左右。2018 年 12 月 18 日，欧盟发表声明称，经过各国

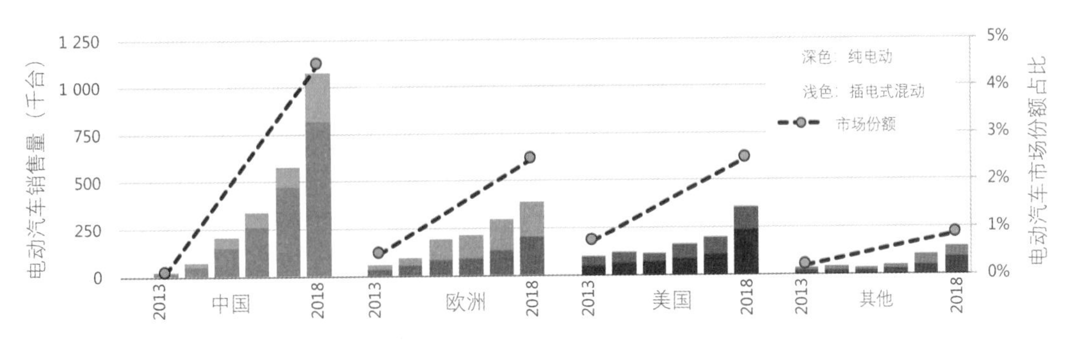


图 3.24　2013-2018 全球主要国家电动汽车销售量变化图

（引自 Global EV Outlook, 2019）

协调商定，确定了“到2030年前，所售汽车$CO_2$排放量需在2021年的基础上减少37.5%”的目标。

近年来，我国燃料电池汽车产销量保持在千辆左右，2018年产量达到1619辆，相比2017年增加27%，带动燃料电池需求51兆瓦。从销量结构上看，我国氢燃料电池车以客车和专用车为主，其中专用车产量为909辆，相比2017年增长尤为明显，客车产量为710辆。

### 3. 电动汽车的环境影响

很多国家的温室气体减排路线图都强调了电动汽车技术的重要性。然而，电动汽车的制造，特别是电池的制造和处理，以及所用电力的碳强度，都必须考虑在内，才能认识从摇篮到坟墓全生命周期（LCA）的电动汽车对环境的影响。从LCA角度对电动汽车和燃油汽车比较来看，电网的脱碳程度对于改善电动汽车对环境的影响至关重要。除此之外，电动汽车制造中很大比重的碳排放也来自锂离子电池的生产和回收。总体上来说，想要通过电动汽车降低全球碳排放的有效办法就是使电动汽车所需电能全部产自低碳或无碳能源发电。

与电动汽车相似，氢燃料电池汽车的LCA碳排放也取决于制氢的一次能源结构。有研究（Andwari et al.,2017）利用美国能源部Argonne实验室的GREET模型，分析了当前和未来能源结构情况下，针对内燃机汽油车、燃料电池汽车、混合动力汽车、纯电动汽车的全生命周期碳排放进行了对比。该研究指出我国在煤电发电量占总发电量的69%的能源结构下，纯电动汽车$CO_2$排放强度为175g/km，低于汽油内燃机汽车；若直接将电网电力制氢用于燃料电池汽车，其全生命周期$CO_2$排放强度高达466g/km。假设未来煤电电量占比下降至20%，可再生能源发电占比提高到70%，在清洁能源结构下，纯电动汽车和电解水制氢燃料电池汽车的排放则分别下降 62% 和 65%，其他车型排放降幅有限（Andwari et al.,2017）。

## 九、化石能源发展的现状

如上所诉，如今国际能源格局正在发生重大变革，能源系统从化石能源占绝对主导地位向低碳多能融合方向转变。虽然未来几十年无论是我国还是全球，由于能源结构转型及绿色能源技术的进步，绿色能源所占的消费比例会逐步升高，但是传统化石能源（煤、石油、天然气）仍将在很长时间内，在一次能源消费中占据主导地位。

### 1. 煤炭

《BP 世界能源统计年鉴 2019》数据显示，2018 年全球煤炭储量为 1.055 万亿吨，主要集中在美国（24%）、俄罗斯（15%）、澳大利亚（14%）和中国（13%）。其中大部分储量为无烟煤和烟煤（70%）。根据 2018 年全球储产比：全球煤炭还可以以现有的生产水平生产 132 年。其中，北美洲（342 年）和独联体国家（329 年）为储产比最高的地区。2018 年世界煤炭产量为 80.13 亿吨，比上年上涨 4.0%。此前，2012—2014 年世界煤炭产量连续三年超过了 80 亿吨，2015—2017 年世界煤炭产量均低于 80 亿吨，到 2018 年再次回升到了 80 亿吨以上水平。

2018 年，全球煤炭消费量为 37.72 亿吨油当量，比上年上涨 1.4%。其中，中国占世界煤炭总消费量的 50.5%，比上年上升 4.1 个百分点；韩国超俄罗斯成为全球第五大煤炭消费国。消费量排名前十的国家是中国、印度、美国、日本、韩国、俄罗斯、南非、德国、印度尼西亚和波兰（见图 3.25）。我

**图 3.25　2018 年主要国家煤炭消费占世界煤炭消费总量对比图**

（数据来源于 BP，2019）

国的煤炭消费增长是继 2017 年以来煤炭消费连续第二年出现增长。从主要耗煤行业看，据测算电力行业全年耗煤 21 亿吨左右，钢铁行业耗煤 6.2 亿吨，建材行业耗煤 5 亿吨，化工行业耗煤 2.8 亿吨。2018 年，我国电源结构仍以煤电为主，2018 年煤电装机占比为 53%，煤电发电量占比为 63.7%。受资源禀赋影响，煤电仍然是我国未来一段时期的基础支撑性电源（中国电力规划设计总院，2019）。

煤炭是重要的发电燃料，但是随着可再生能源等技术的发展，气候和生态限制下监管压力的增加，国际能源转型的趋势愈发显现，全球燃煤发电的进一步发展面临挑战。最近几年间，越来越多的国家、地区、城市和企业相继宣布淘汰燃煤发电，全世界煤电装机增长放缓，煤电投资减少。例如，根据 IEA 发布的煤炭报告显示（IEA, 2019c），2008—2017 年，廉价而又丰富的天然气和不断增长的可再生能源打击了美国对于煤炭的需求，2017 年美国的煤炭产量比 2008 年的峰值水平下降超过了三分之一，煤矿数量也从 2008 年的 1435 座下降到了 2017 年的 671 座。继一些欧洲国家陆续宣布淘汰煤电之后，2017 年在德国波恩举行的第二十三届《联合国气候变化框架公约》缔约方会议上，英国与加拿大两国带头发起“超越煤电联盟”（Powering Past Coal Alliance）。联盟联合了明确表示关闭燃煤电厂的国家以及地区、城区和公司。为了达成减缓气候变化的温控目标，“超越煤电联盟”建议欧盟和经合组织国家在 2030 年前停止使用燃煤发电。截至 2018 年 4 月，已有 28 个国家加入这一联盟。除了该组织外，还有另外 4 个国家发布了有关停止使用煤电的声明。实际上，那些确定不发展煤电的国家大多是未建设燃煤电厂或燃煤发电在电力机构中占比有限的国家，也包括受到气候变暖威胁的岛国。所有这 32 个国家仅占全世界煤电装机总量的 3%。2016—2017 年间，中国和印度这样的全球煤炭大国先后出台系列措施，以限制燃煤发电装机的增速。中国对煤电的限制主要为改善装机结构，优化电力系统的协调与规划，提高排放标准要求。印度则更侧重于环保标准的升级。此外，越来越多的金融机构停止对煤炭项目和煤炭公司的融资，这无疑为全世界煤电发展造成更多的压力。

2018 年，全球共有 35 个国家正在建设 260 个新的燃煤发电机组项目。其中，有 62 个项目是由 12 个国家（孟加拉国、中国、印度、印度尼西亚、日本、蒙古、巴基斯坦、菲律宾、波兰、俄罗斯、塞内加尔、韩国）于 2017 年开工建设的。与 2016 年相比，新建煤电项目减少了 29%。2017 年退役的煤电装机中超过半数的服役年限都超过了四十年（标准的运行年限）。这些老化的和部分低效运行的煤电装机中大约 70% 位于美国和欧洲地区。而亚洲发展中国家退役煤电装机的平均服役年限相对短很多，其退役原因多与生态标准提高和装机结构优化有关。基于这样的趋势，到 2022 年，每年退役的煤电装机将超过投运的煤电装机，届时煤电装机将在全球范围内开始减少。国际能源署对煤电发展前景的评估则比较谨慎，认为煤电发展从中期来看取决于市场环境，从长期来看取决于碳捕集与封存技术的发展。根据各机构的展望，全球煤炭需求将降低 1% ～ 7%。但是考虑到印度和东南亚国家大力推广应用煤炭，到 2040 年全球煤炭消费总量仍然有望维持在现有水平（IEA, 2019c）。

### 2. 石油

《BP 世界能源统计年鉴 2019》数据显示，2018 年底全球石油储量较 2017 年上升 20 亿桶，总量达 1.73 万亿桶。根据 2018 年的储产比，全球石油还可以以现有的生产水平生产 50 年。分地区来看，中南美洲的储产比系全球最高，达 136 年；欧洲地区储产比为全球最低，为 11 年。欧佩克组织拥有 71.8% 的全球储量。储量最高的单一国家是委内瑞拉（占全球储量 17.5%），沙特阿拉伯（17.2%）紧随其后，随后是加拿大（9.7%）、伊朗（9.0%）和伊拉克（8.5%）。

根据 BP 的数据显示（BP, 2019），2018 年，全球石油消费增加 140 万桶 / 日，超过过去十年的平均水平，增速达到 1.5%，其中，贡献最大的分别是中国（增加 68 万桶 / 日）和美国（增加 50 万桶 / 日）。去年，全球石油产量增加了 220 万桶 / 日，增速为 2.4%，几乎所有的净增长都来自美国，创出有史以来最大的年度增量。美国仍然是世界第一大石油消费国，第二为中国，其次为印度（见图 3.26）。2018 年，我国经济缓中趋稳，石油消费增速放缓，全年石油消费量约为 6.1 亿吨，同比增长 3.4%，增速较上年下降 1.2 个百分点。2017 年，我国超越美国成为全球第一大原油进口国。2018 年原油进口 4.62 亿吨，进口增速达 10%，原油对外依存度达到 72%。

在各大机构能源展望的基准情景中，2016—2040 年间，全球石油需求将增长 11% ～ 17%。其中，BP 在其基准情景中认为全球石油需求将在 2030

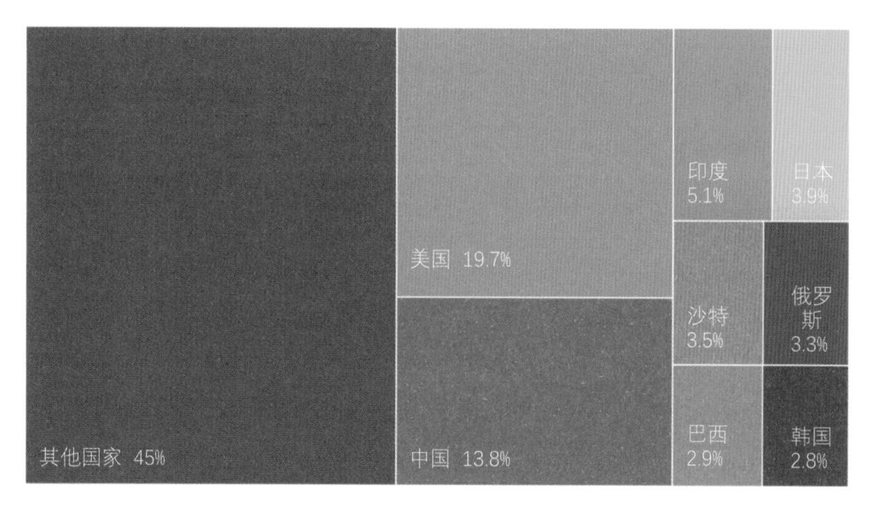


**图 3.26　2018 年主要国家石油消费占世界石油消费总量对比图**

（数据来源于 BP，2019）

年见顶，达到 49 亿吨，随后将逐年下降，到 2040 年降至 48 亿吨（BP, 2019）。而其他机构的能源预测中，大都认为全球石油需求将持续上涨，到 2040 年达到 49 亿～ 50 亿吨，并且需求增速将在 2025 年后放缓（IEA, 2018b）。石油需求增速放缓，首先是因为燃料经济性提高，延缓交通领域燃料需求增长。根据国际能源署的数据，预计到 2040 年，随着燃料经济性标准的提升，全球石油潜在需求将减少 900 万桶 / 日。其次，电动汽车的推广普及也是一个重要原因。综合各家预测，到 2040 年，全球电动汽车数量将达到 1 亿～ 3 亿辆左右，石油潜在需求为此将减少 300 万桶 / 日。同时，从长期来看，石油化工、汽车运输、航空和海上运输是石油需求增长的主要引擎。

### 3. 天然气

《BP 世界能源统计年鉴 2019》数据显示，2018 全球天然气探明储量增加 0.7 万亿立方米，达 196.9 万亿立方米。增长的原因主要是阿塞拜疆新增的储量（0.8 万亿立方米）。天然气储量最高的三个国家是俄罗斯（38.9

万亿立方米）、伊朗（31.9 万亿立方米）和卡塔尔（24.7 万亿立方米）。根据 2018 年的储产比，全球天然气还可以以现有的生产水平生产 50.9 年，相较 2017 年的预测减少 2.4 年。中东（109.9 年）和独联体国家（75.6 年）的储产比高于其他地区。

根据 IEA 的数据显示（IEA, 2019h，2019e），2018 年，全球天然气消费量增长了 1950 亿立方米，增速达到 5.3%，创下自 1984 年以来的最快增速之一。全球天然气消费快速增长主要是受到美国消费大幅增加的推动。美国天然气消费占全世界天然气消费总量的 21%（图 3.27），2018 年，新增天然气消费量高达 780 亿立方米，排名第一。美国新增天然气产量高达 860 亿立方米，占到全球新增天然气产量的近一半。

页岩气是近年来的热点话题。据联合国贸易和发展会议（UNCTAD）2018 年 5 月发布的报告显示，中国的页岩气储量还排名全球第一（达 31.6 万亿立方米），阿根廷（22.7 万亿立方米）、阿尔及利亚（20 万亿立方米）、美国（17.7 万亿立方米）和加拿大（16.2 万亿立方米）分别排名二至五名。

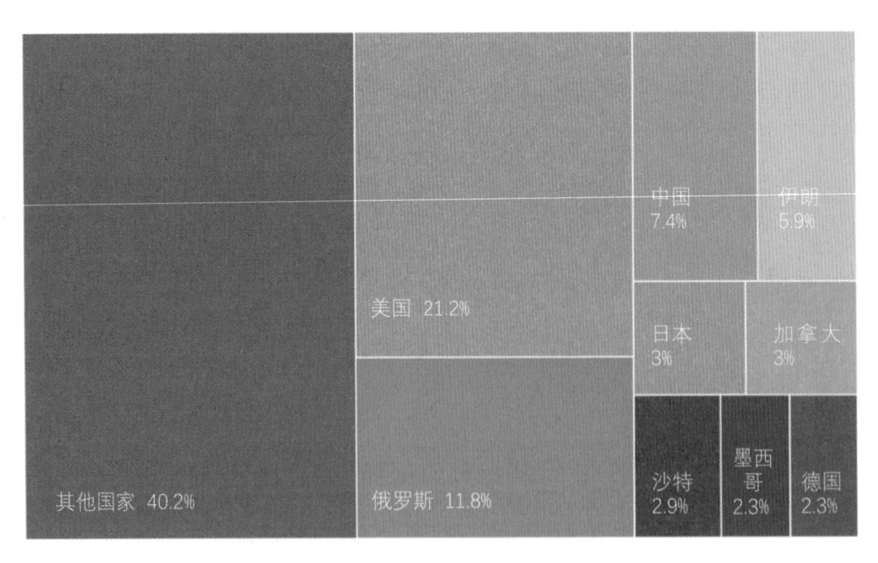


**图 3.27　2018 年主要国家天然气消费占世界天然气消费总量对比图**

（数据来源于 BP，2019）

目前，全球可开采的页岩气总储量预计达到 214.5 万亿立方米，这一总储量相当于目前情况下全球天然气六十一年的总消费量。中国具有深厚的开采潜力，但页岩气开采潜力和探明可采储量之间仍有较大区别，最终能有多大量为我国所用，仍未可知。

根据 BP 能源展望 2019 预测的基准情景，2016—2040 年间，全球天然气需求将增长 40% ～ 55%，并且在 2025—2030 年间，天然气在全球能源结构中的占比将超越煤炭，届时天然气将成为仅次于石油的全球第二大能源。天然气需求增长的主要动力是电力和工业部门。亚洲、中东和非洲地区发展中国家的天然气需求增速最大，尤其是中、印两国。到 2040 年，中国和印度的天然气消费量将超过欧盟。全球天然气市场增加的供给主要来自美国、中东和非洲地区国家、俄罗斯、中国。同时，中国还将大幅增加天然气的进口量。来自国际能源署的预测数据显示，到 2040 年，中国的天然气进口量将增至目前的 3.5 倍。

2018 年，在我国经济平稳发展、结构调整与转型升级持续推进的作用下，全年天然气消费超预期增长，消费量达到 2808 亿立方米，同比增长 17.7%，年增 422 亿立方米。工业燃料和城市燃气拉动天然气消费增长，我国有限的油气资源储备已经难以满足快速增长的石油、天然气消费需求。2018 年，我国超越日本成为第一大天然气进口国。近些年来，我国经济快速发展带来的能源需求，引发进口量不断提速，2018 年天然气进口突破 9000 万吨，折合 1254 亿立方米，增速高达 32%。数据显示，我国天然气对外依存度达到 45% 以上，而且这种对外依赖情况日趋严重。

### 4. 总体趋势

2018年，全球一次性能源消费增长2.9%，几乎是过去十年平均增速（1.5%）的两倍，创下自2010年以来的最快增速（见图3.28）。2018年，世界一次能源消费中，石油位列第一，占比31%；位列第二的是煤炭，占比26%；位列第三的是天然气，占比23%（见图3.29）。全球能源消费快速增长主要是受到天然气消费快速增长的驱动，天然气贡献了超过40%的增长。除了可再生能源，其他所有燃料消费增速均快于过去十年的平均增速。中国、美国和印度能源消费增长之和占到全球消费总量的三分之二以上（见图3.30）。美国能源消费需求增加了3.5%，增速创下过去三十年来的最高水平。根据BP最新数据显示，2018年，全球发电量达到26.672万亿千瓦时，其中煤电10.116万亿千瓦时，比2017年增长2.6%，占全球发电量的38%；其他能源包括天然气发电（23%）、水电（16%）、核电（10%）、风电（5%）、燃油发电（3%）、生物质与垃圾发电（3%）、光伏（2%）、其他可再生能源发电（1%）。可见，2018年全球化石能源发电比例仍高达

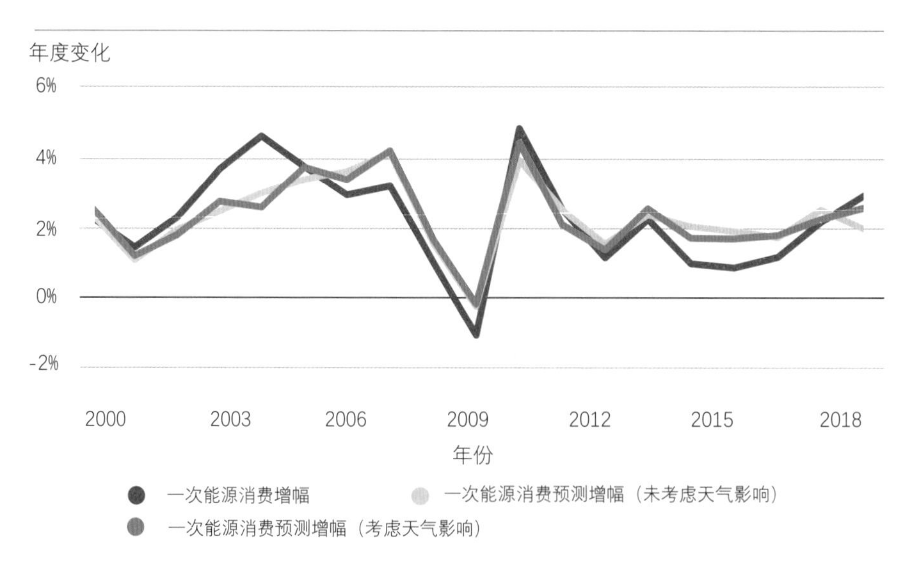


**图3.28　2000-2018年全球一次能源消费增长变化折线图**

（数据来源于BP，2019）

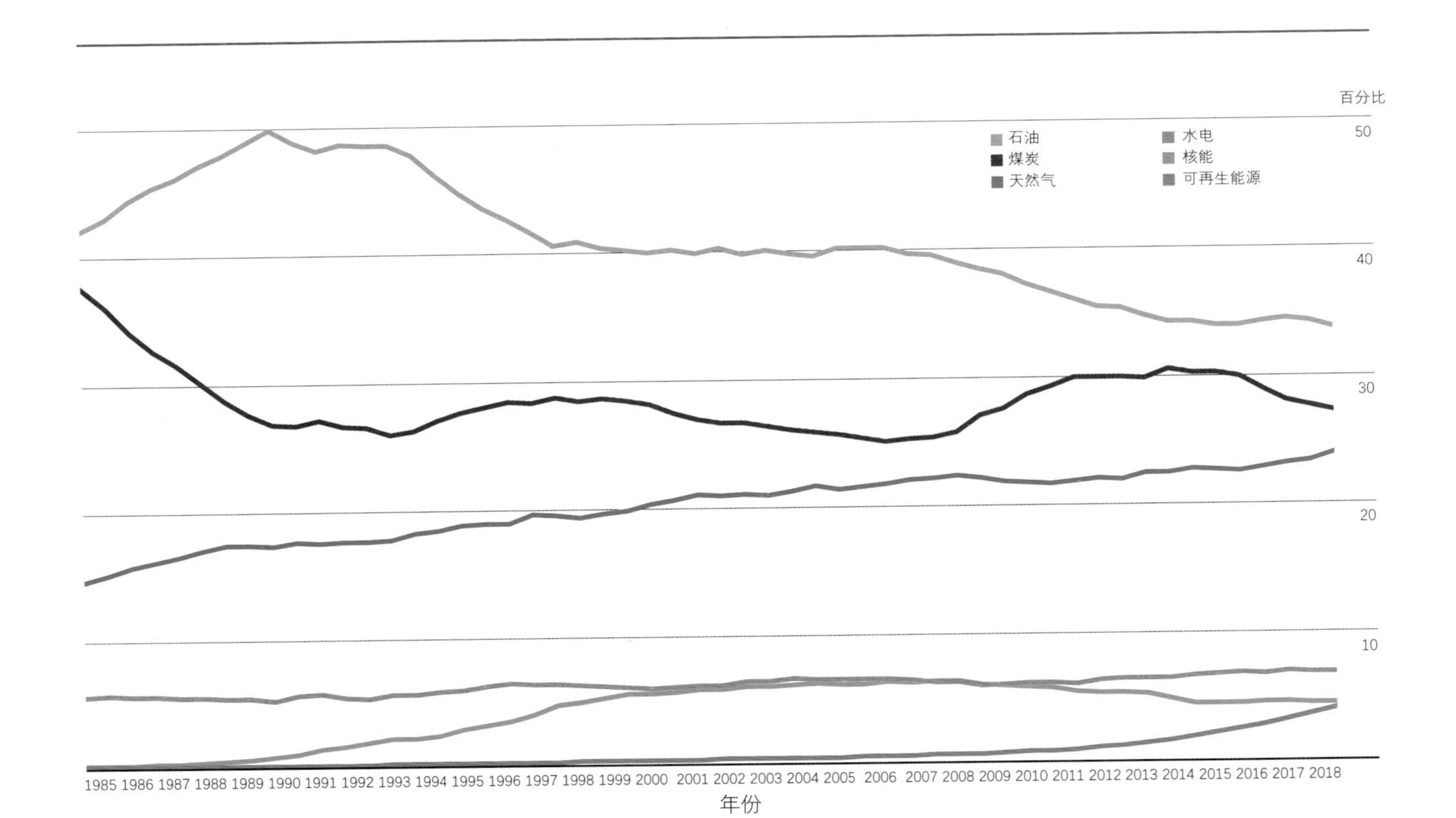


图 3.29　1985-2018 年全球一次能源消费占比折线图（单位：百分比）

（数据来源于 BP，2019）

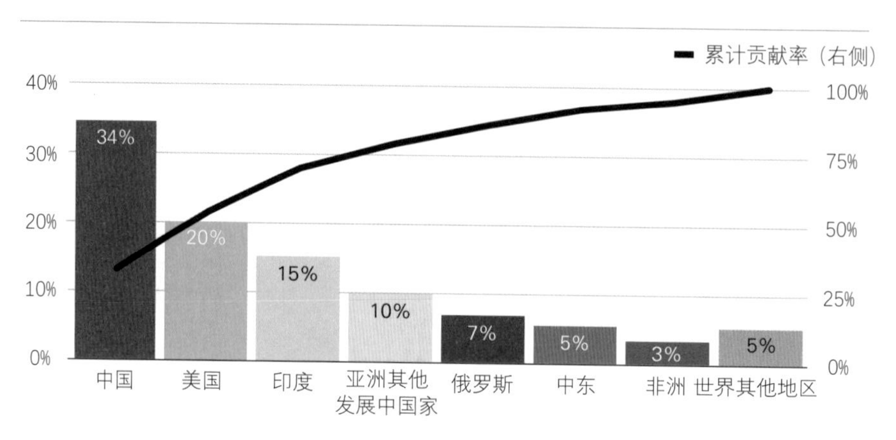


**图 3.30　2018 年各国或地区对一次能源消费增长的贡献**

（数据来源于 BP，2019）

64%，可再生能源发电占比 26%，核电占 10%。

国际能源署（IEA）发布最新报告称，由于全球经济强劲增长以及世界某些地区供暖和制冷需求增加，2018 年全球能源需求增长主要由化石燃料带动，这导致全球与能源相关的二氧化碳排放量达到创纪录的 330 亿吨（IEA, 2019a），较 2017 年增长 1.7%，增幅中约三分之一来自煤炭，主要原因是亚洲国家仍在新建燃煤电厂。根据 IEA 计算，自工业化时代以来，煤炭是导致“全球温度升高的最大单一来源”，全球平均气温每上升的 1 摄氏度中，来自煤炭的二氧化碳排放量就“贡献”了超过 0.3 摄氏度。按国家划分，印度、美国去年排放量增幅最大，英国等欧洲国家和地区的排放量普遍下降。2018 年，印度二氧化碳排放量增长了 4.5%，美国二氧化碳排放量增长了 3.1%，欧洲排放量下降了 1.3%，日本则实现了连续第五年排放量下降。

经过改革开放四十年的发展，我国的能源消费格局发生了巨大的变化。在能源供应方面，2018 年我国能源生产总量达 37.7 亿吨标煤，是 1978 年的 6.0 倍，位居世界第一。2018 年煤炭、石油、天然气产量分别比 1978 年增长 5.9 倍、1.9 倍和 11.7 倍；发电装机和发电量位居世界第一，分别比 1978 年增长 33.3 倍和 26.9 倍。在能源消费方面，2018 年我国能源消费总量达到 46.4 亿吨标准煤，比 1978 年增长 7.7 倍，位居世界第一。煤炭、石油、天然气产量分别是 1978 年的 6.5 倍、6.8 倍和 20.3 倍；全社会用电量是 1978 年的 27.2 倍（表 3.2）。在清洁发展方面，2018 年天然气、水电、核电、风电等清洁能源消费量占能源消费总量的 22.1%，非化石能源消费占比达到 14.3%。

**表 3.2　我国改革开放四十年来能源生产和能源消费格局的变化**

| 能源生产 | 1978年 | 2018年 | 单位 | 排名 |
|---|---|---|---|---|
| 能源生产总量 | 6.3 | 37.7 | 亿吨标准煤 | 世界第一 |
| 原煤 | 6.2 | 36.8 | 亿吨 | 世界第一 |
| 原油 | 1 | 1.9 | 亿吨 | 世界第六 |
| 天然气 | 137 | 1603.0 | 亿立方米 | 世界第六 |
| 发电装机 | 0.57 | 19.0 | 亿千瓦 | 世界第一 |
| 发电量 | 0.26 | 7.0 | 万亿千瓦时 | 世界第一 |
| 非化石装机 | 0 | 7.6 | 亿千瓦时 | 世界第一 |
| 一次电力 | 0.05 | 2.1 | 万亿千瓦时 | 世界第一 |
| 风电装机 | 0 | 1.8 | 亿千瓦时 | 世界第一 |
| 光伏装机 | 0 | 1.7 | 亿千瓦 | 世界第一 |
| 生物质装机 | 0 | 1781.0 | 万千瓦 | 世界第一 |
| 油气主干管道里程 | 0.8 | 13.3 | 万千米 | 世界第三 |
| 220千伏及以上输电线路 | 2.3 | 73.7 | 万千米 | 世界第一 |
| 能源消费 | 1978年 | 2018年 | 单位 | 排名 |
| 能源消费总量 | 6 | 46.4 | 亿吨标准煤 | 世界第一 |
| 原煤消费 | 6 | 39.0 | 亿吨 | 世界第一 |
| 原油消费 | 0.9 | 6.1 | 亿吨 | 世界第二 |
| 天然气消费 | 138 | 2808.0 | 亿立方米 | 世界第三 |
| 电力消费 | 0.25 | 6.8 | 万亿千瓦时 | 世界第二 |

（数据来源于《中国能源发展报告 2018》）

### 5.CCUS 技术

目前公认的解决全球气候变化问题的主要手段包括：发展清洁能源（包括可再生能源和核能），提高能效，以及碳捕集与封存（carbon capture and storage，CCS）。IPCC《第五次评估报告》指出，如果没有 CCS 技术，实现应对和减缓气候变化的目标将非常困难。有研究也指出，如果不采用CCS技术，在2050年前实现$CO_2$浓度控制在450ppm以下的成本会增加138%（Moriarty & Honnery,2011）。

碳捕集与封存技术是指捕获发电和工业过程中使用化石燃料所产生的$CO_2$的技术，包括三个部分：捕获、运输和安全地储存起来。CCUS是在CCS原有的三个环节的基础上增加了$CO_2$利用的环节，即碳捕集利用与封存（carbon capture，utilization and storage，CCUS），其中应用部分主要有物理应用、化工应用和生物应用等。然而，CCUS技术所捕集的是高浓度和高压的液态$CO_2$，如果在运输、注入和封存过程中发生泄漏，将对事故附近的生态环境造成影响，严重时甚至危害到人身安全。特别是CCUS封存地点的地质复杂性带来的环境影响和环境风险的不确定性，严重地制约着政府和公众对CCUS的认知和接受程度。有一些专家认为，CCS只能提供暂时的碳排放缓解方案，而且让人类社会更加依赖化石燃料，让以后的能源变革变得更加困难。此外，燃煤发电过程中所使用的CCUS技术的全生命周期碳排放率较高，因而与其他碳减排方案相比，它的优势并不明显。

全球CCS报告（*Global Status of CCS* 2019）指出，自1972年佛雷德CCS设施在美国得克萨斯州开始运行以来，目前世界上几十个CCS大型设施每年捕获近4000万吨$CO_2$，已有两亿多吨$CO_2$被注入地下储存起来（见图3.31）。在中国，有二十多个不同规模的CCS设施正在建设中，还有很多其他设施在规划中。在过去十年中，各国政府为CCUS项目投入的资金预算高达280亿美元，但迄今仅花费了其中的15%，这其中只有三分之二用于现在正在运营的项目。由于可再生能源的迅速发展，CCUS失去了十年前人们预期的发展势头。过去十年中，全球针对CCUS项目部署的公共资金总额仅为2016年可再生能源发电补贴所用资金的3%左右。

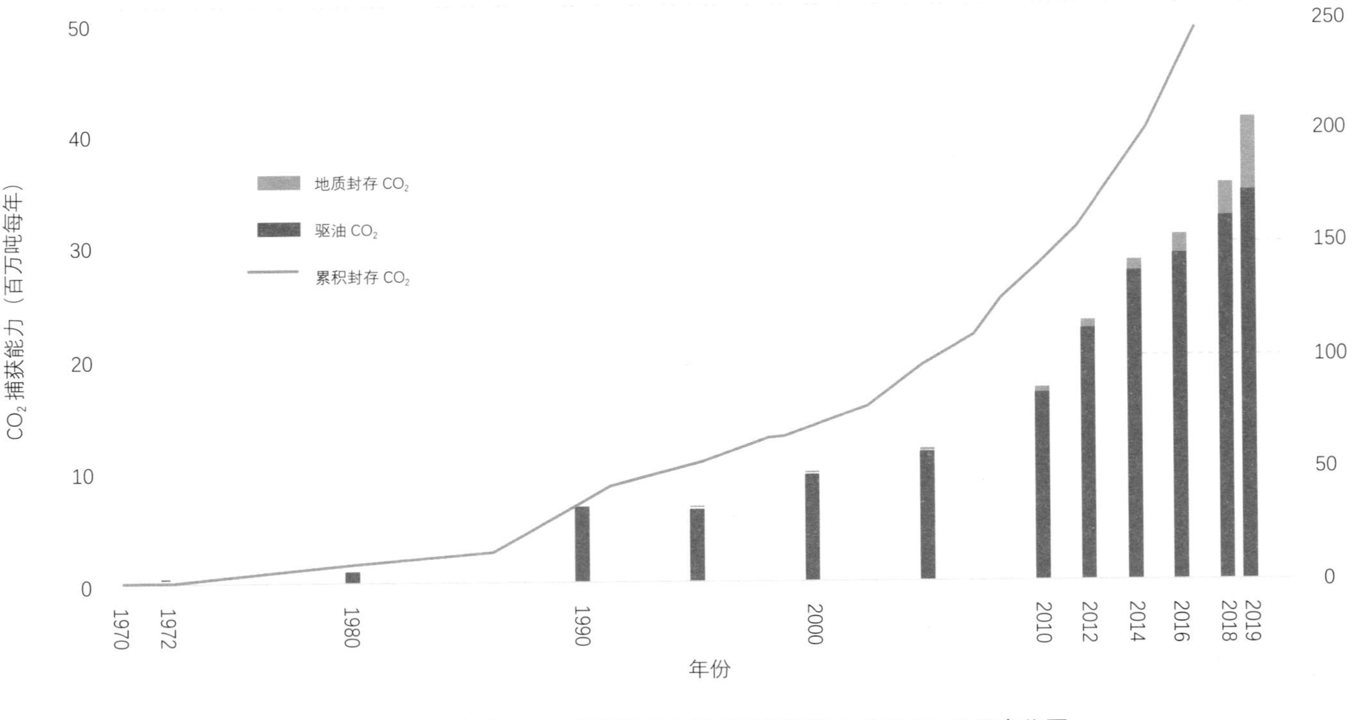


图 3.31　全球 CCS 项目碳捕获总量以及累积注入地下 $CO_2$ 总量变化图

（数据来源于 *Global Status of CCS* 2019）

# 第四章 能源与低碳发展

《巴黎气候协定》设定了两个目标，即本世纪全球平均气温与工业革命前水平相比升幅不超过 2℃，同时“尽力”不超过 1.5℃。如果人类社会按照现在的速度排放 $CO_2$，全球平均气温将会按照现有的速度继续上升，升幅可能在 2030 年至 2052 年达到 1.5℃（IPCC，2019）。减少温室气体排放是一项全球性的严峻挑战，要想限制全球温度上升幅度在 1.5℃以内，全球碳排放从 2070 年开始必须是负增长（IPCC，2013）。气候变化治理过程中，能源技术将发挥决定性的作用，我们需要大幅度削减化石燃料的使用，并开发廉价、清洁、安全的能源，以减缓气候变化，避免更加严重的灾难性的全球变暖后果。

## 一、文明与能源

从 1500 年至工业革命前期的几百年，尽管西方在制度、科学等方面取得重大进步，但在经济发展规模和经济增长效率等方面并没有取得重大突破。全球经济在近三百年里仅增长两倍多，即使是发展最快的西欧也仅增长了约四倍，与 21 世纪经济增长速度相比显得微不足道。尽管当时商品经济已有向全球化发展趋势，政治制度和经济制度也发生了重大变革，资本主义制度体系逐渐建立起来，但是由于没有爆发能源革命，经济增长无法得到快速提高。蒸汽机的发明和使用是欧洲工业革命的重要象征，但蒸汽机在发明初期并没有得到广泛利用，其根本原因还是能源短缺的问题。1712 年，托克斯发明了蒸汽机，但几十年没有被推广应用。瓦特于 1763—1769 年对蒸汽机进行重大改造，1800 年在市场上仅仅销售 289 台，但多数购买者并没有能够充分使用这些机器，主要原因是其动力源要依赖木柴，大量消耗和使用木柴对于机器拥有者来说很难接受。煤炭作为重要化石能源走向经济领域，是瓦特发明蒸汽机几十年后的事情。煤炭的开发和利用实现了人类能源文明与社会文明的紧密结合。1820—1850 年前后，英国、法国和德国开始发现煤矿并大力开发。1850—1869 年间，法国煤炭产量由 440 万吨上升到 1330 万吨；德国煤炭产量由 420 万吨上升到 2370 万吨。1830—1888 年间，煤炭占整个世界能源消耗量由不到 30% 达到了 48%。煤炭迅速取代木材成为主要能源的时候，蒸汽机才真正开始大显神通，交通、钢铁、电力等产业迅速发展，整个世界经济产生连锁式飞跃发展，人类社会开始由“薪柴能源文明”时代全面进入“煤炭能源文明”时代。石油正式成为主流能源，主要发生在第二次世界大战以后。二战后，中东地区发现了大量廉价石油资源，西方国家经济依靠这些廉价能源迅速发展，持续快速发展超过二十年，社会实现了飞跃式进步，奠定了西方国家成为世界经济强国的基本格局，完成了现代化和巨额财富积累（董秀成，2011）。

可以说，煤炭文明奠定了西方国家工业文明的基础，而石油文明筑就了西方国家现代化。发达国家之所以发达，最基本也最重要的标志就是能够获得和消费庞大的化石能源。从化石能源时代开始，人类社会在短短一百多年间发生了翻天覆地的变化，GDP 增长了近 100 倍，化石能源消耗量增长了约 50 倍。之所以发生如此惊人变化，根本原因在于人类发现、开发和使用这些在百万年到几亿年间自然界逐渐形成、储存下来的化石能源。

总的来说，能源是人类生存和发展的重要物质基础，是现代社会发展不可或缺的基本条件，攸关国计民生和国家安全，对国家繁荣发展、人民生活改善、社会长治久安至关重要。从某种程度上说，人类很幸运，发现了地球上丰富的化石能源，所以人类文明迎来了飞速发展。工业革命使人类社会由农业文明步入工业文明，随着工业文明在全球范围内全面铺开，化石能源消耗与经济增长之间的相互关系或规律，就逐渐成为经济学研究中的重要课题之一。在整个21世纪，经济增长与化石能源消耗增长几乎同步，这似乎是经济学的基本规律。然而，化石能源与经济同步增长规律其实存在“尴尬”的制约，因为经济增长以可持续发展为目标，但化石能源本身具有资源稀缺性、不可再生性和有限性，因此以有限能源来支持持续发展的经济目标，就成为一种“制约”（Moriarty & Honnery,2011）。除了这种“制约”以外，人们也发现了化石能源利用和生态环境保护之间的相互“制约”性，认识到气候变化问题的严重性，开始把环境成本作为一项重要的能源利用的经济成本，并大力推动绿色能源技术的创新和进一步发展。我们所利用的能源正在从传统的化石能源向绿色能源转变。一般来说，未来任何一种能源要想在全球能源结构中发挥主导作用，就必须满足若干必要条件，例如，能源的丰富程度、技术潜力、可获得性、使用的便利性、环境影响和成本的竞争力等。

## 二、能源成本

从理论上讲，可再生能源是取之不尽，用之不竭的，可再生能源的理论年通量和技术利用潜力远远大于当前全球一次能源的利用情况。如表4.1所示，即使根据目前的太阳能技术水平开发太阳能资源，那么所获得的能源总量可供应2015年全球一次能源112倍以上。但是目前人类只利用了可再生能源当中极小的一部分。由于全球不同区域的绿色资源禀赋各异，全世界不太可能对可再生能源做出统一的选择，大多是在国家甚至地方一级做出选择。但是资源禀赋的差异性并不能完全解释各种资源的开发现状。

表 4.1　可再生能源的资源量及 2015 年的利用情况

| 可再生能源种类 | 理论上全年年通量（艾焦/年） | 目前技术水平理论上可以利用的量（艾焦/年） | 2015年可再生能源利用情况（艾焦/年） |
|---|---|---|---|
| 太阳能 | 3900000 | 62000-280000 | 1.3 |
| 风能 | 6000 | 1250-2250 | 1.9 |
| 生物能 | 1548 | 160-270 | 51.5 |
| 地热能 | 1400 | 810-1545 | 2.4 |
| 水能 | 147 | 50-60 | 13.2 |
| 海洋能 | 7400 | 3240-10500 | 0.0018 |
| 全部 | 3916495 | 76000-294500 | 70.3 |

（数据来源于 Teske，2018）

例如，德国的平均风速较低，但其风力装机量却远高于风力资源丰富的英国。对能源种类进行选择是一项极其复杂的工作，尽管环保因素很重要，但也必须要考虑到其他因素。

过去的几十年里，全世界在可再生能源的开发和利用技术上投入了大量的资金。世界各国也要求电力供应商逐渐增加可再生能源发电占比，这也加速了技术成本的下降。在 21 世纪初，可再生能源发电价格不稳定，经常出现飙升或下降的现象，不过目前可再生能源价格已经趋于稳定。利用可再生能源发电不仅是一个有关环保的决定，现在也已经关乎经济决策（Teske，2018）。报告（IEA,2019b）指出，2018 年全球可再生能源发电成本中，太阳能光热价格下降了 26%，生物质能价格下降了 14%，太阳能光伏和陆上风电价格均下降了 13%，水力发电价格下降了 12%，地热能和海上风电价格下降了 1%。2018 年全球各类发电成本如下（括号内为 2017—2018 年的降幅）：生物质能源：6.2 美分 / 千瓦时（-14%），地热发电：7.2 美分 / 千瓦时（-1%），水电：4.7 美分 / 千瓦时（-11%），光伏：8.5 美分 / 千瓦时（-13%），光热发电：18.5 美分 / 千瓦时（-26%），海上风电：12.7 美分 / 千瓦时（-1%），陆上风电：5.6 美分 / 千瓦时（-13%）（图 4.1a）。

目前，可再生能源发电成本还是高于 Energy Intelligence 所发布的传统化石能源的平均发电成本（见图 4.1b）。IRNEA 表示，从全球各国承诺的到 2020 年新增装机容量来看，未来超过 77% 的陆上风电项目和 83% 的大规模光伏项目的电价会低于化石能源的火力发电装机。

关于核电价格。根据美国核能研究院（Nuclear Energy Institute）发布的数据表明，2018 年全世界平均的核电发电成本为 0.7 元 / 千瓦时，美国核电厂发电综合成本 0.25 元 / 千瓦时。根据中国国家能源局公布的 2018 年的数据，我国核电的上网电价为 0.420 元 / 千瓦时，高于我国发电企业的平均上网电价（0.370 元 / 千瓦时）。核电的高成本主要体现在建造成本上。核电的初期投资大，其前期的建造成本大约占到全部成本的 50% ～ 70%，相比之下，火电只有 20% ～ 30%。目前国内已经建成投产的二代改进型技术机组，单位造价一般在 12000 ～ 14000 元 / 千瓦，与风电、太阳能相当，但比火电高出很多。三代机组较二代机组考虑了更多安全性，

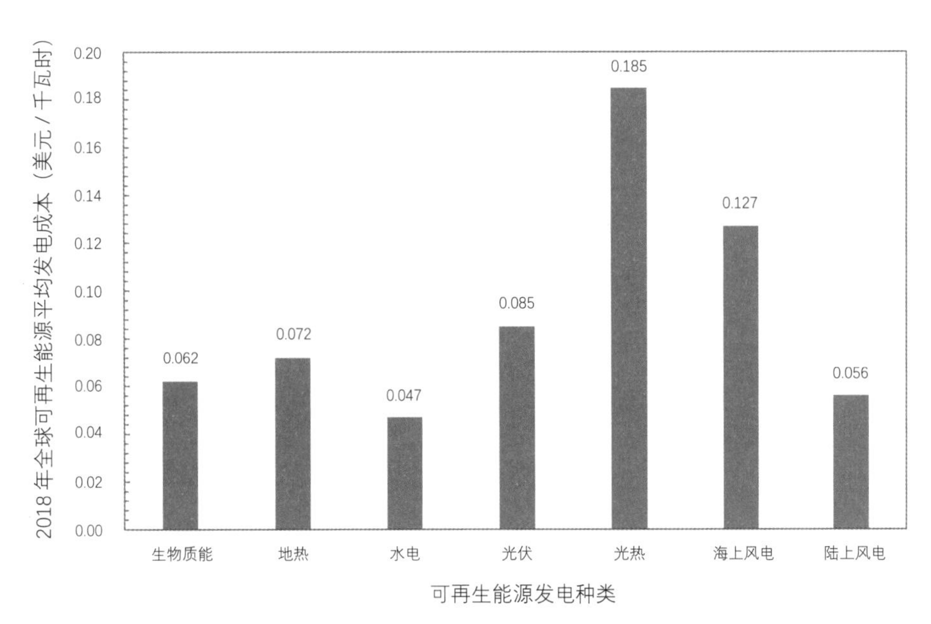


**图 4.1a　2018 年世界平均发电成本分能源种类对比柱状图**

（数据来源于 IRENA，2019）

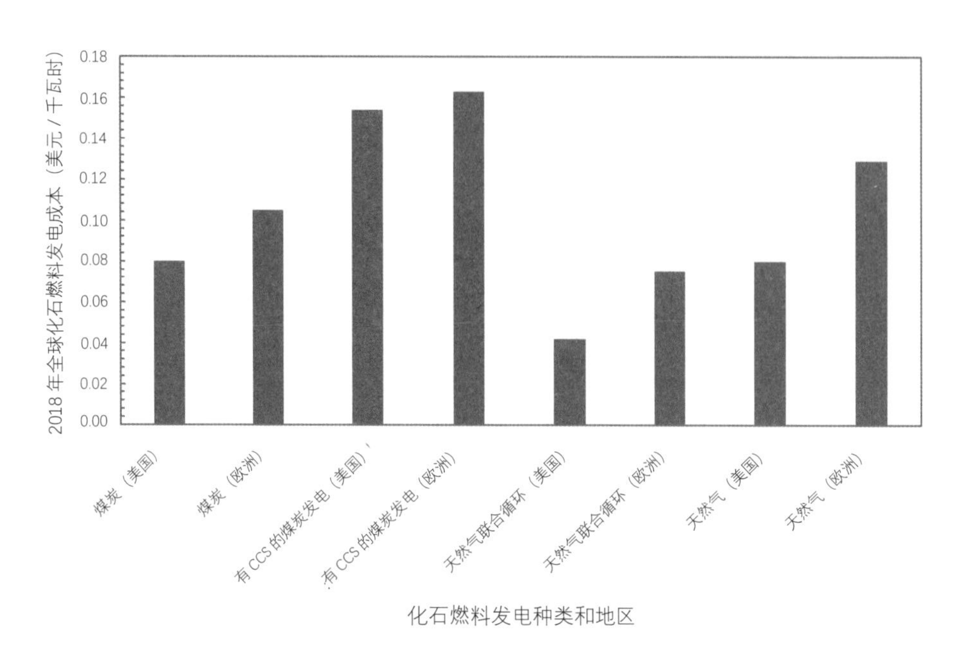


**图 4.1b　2018 年化石燃料发电分能源种类对比柱状图**

（数据来源于 Energy Intelligence）

其建造成本也明显增加。华龙一号的预计建造成本在 16000 ～ 20000 元 / 千瓦之间，而法国三代机组 EPR 的预计单位造价更高达 42000 元 / 千瓦以上。

关于氢能的价格。根据《中国氢能源及燃料电池产业白皮书》，氢能开发的成本目前还高居不下，终端用氢成本主要包括制氢、氢的储运、加氢三个主要部分。从制氢成本来看，采用不同方式制氢的成本差异较大。以煤制氢和天然气制氢为主的化石能源制氢技术具有产量大以及价格相对较低的优点，以当前国内煤炭和天然气主流价格计算，氢气成本在 10 ～ 15 元 / 千克。从氢气储运来看，成本与储运距离和储运量有密切关系，目前市场需求量较小，高压储氢罐拖车运输一百千米储运成本高达 20 元 / 千克。随着氢能应用规模的扩大、储氢密度提升以及管道运输的建设，未来氢能储运成本具有较大下降空间。对于加氢站环节，由于当前设备较贵，用氢量小，因此目前加注环节的成本约 10 元 / 千克。综合考虑各环节，当前终端用氢价格在 35 ～ 50 元 / 千克。随着用氢规模扩大以及技术进步，用氢成本将明显下降，预计未来终端用氢价格将降至 25 ～ 40 元 / 千克。对于氢燃料电池汽车，目前制约其推广应用的障碍是整车的成本高昂。由于燃料电池组产量低，单价居高不下，目前国内车用燃料电池成本还高达 5000 元 / 千瓦以上，整车成本远高于动力电池汽车和燃油车。根据美国能源部（DOE）预测，随着生产规模的扩大化，燃料电池的成本将大幅下降，到 2020 年年产 50 万套 80 千瓦电堆的规模下，质子交换膜燃料电池系统成本可降低到约 260 元 / 千瓦。

## 三、环境影响

“绿色”“清洁”或者“可再生”能源的含义往往是指对环境影响较小的能源，从温室气体减排的角度来说，环境影响较小往往是指较低的温室气体排放。化石燃料都含有碳元素，使用燃烧时会产生 $CO_2$。与化石燃料不同，利用风能和太阳能等可再生能源发电或者“燃烧”铀燃料不会产生温室气体；但是开发非化石能源的其他过程，如核能的开采、提炼和浓缩，太阳能或风能设备的原材料生产也需要开采、提取和加工过程，都会产生温室气体。因此，要评估能源的“绿色”程度，一个更好的方法不是简单地将特定的能源系统定义为“绿色”或“非绿色”，而是考察从“摇篮到坟墓”的全生命周期环境影响。实质上，从全生命周期的角度来看，所有能源都没有完全“干净”的，都会产生温室气体排放，尽管排放的环节不同。2013 年，美国国家可再生能源实验室（NREL）对所有能源的全生命周期排放量的评估显示，煤炭燃烧的排放量明显高于任何其他能源。化石能源里，天然气是比较清洁的化石燃料，但它仍然产生大量的温室气体排放。太阳能、风能、地热、水力和核能等都属于温室气体排放较少的能源。斯坦福大学教授Mark Z. Jacobson（Cebulla & Jacobson，2018；Jacobson et al.,2018）比较了各类技术全生命周期内的度电碳排放（克/千瓦时）如下：屋顶光伏：15～34克/千瓦时；大型光伏：10～29克/千瓦时；光热发电：8.5～24.3克/千瓦时；陆地风电：7.0～10.8克/千瓦时；海上风电：9～17克/千瓦时；地热：15.1～55 克/千瓦时；水电：17～22克/千瓦时；波浪能：21.7克/千瓦时；潮汐能：10～20克/千瓦时；核电：9～70克/千瓦时；生物质：4～1730克/千瓦时；天然气耦合碳捕捉与贮存：179～336克/千瓦时；煤电耦合碳捕捉与贮存：230～800克/千瓦时（见图4.2）。

评价能源的环境影响除了碳排放外，还要考虑其他类型的环境影响，颗粒物的空气污染、水资源的利用率或者废弃物的产生都也都应考虑。

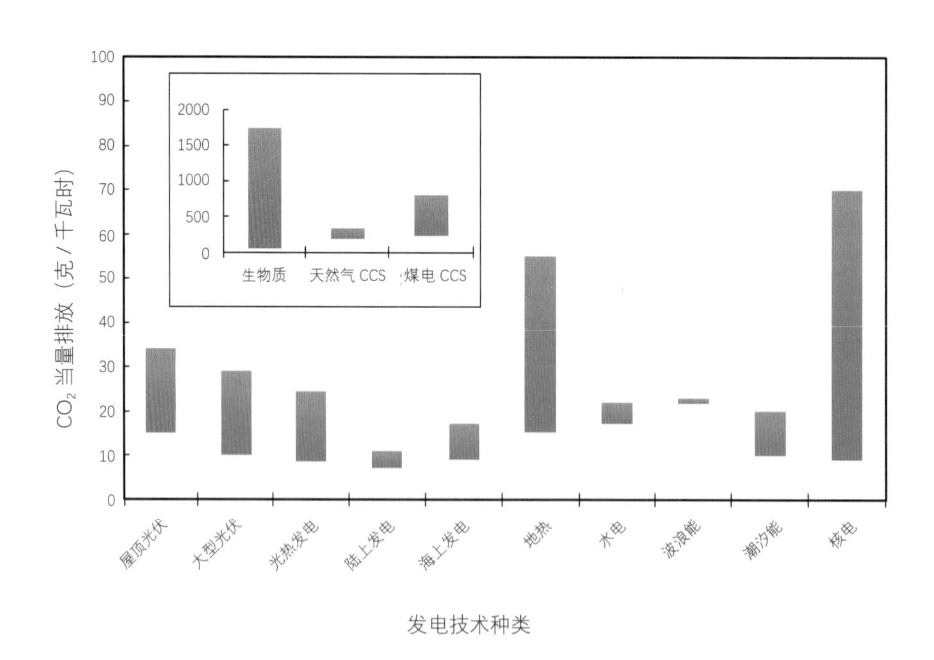


图4.2　分发电技术种类全生命周期碳排放对比图

（数据来源于Jacobson，2019）

我们往往认为太阳能电池板是清洁的，但事实是，我们对太阳能电池板寿命结束后的处理和利用暂时还没有比较好的技术，处理太阳能电池板有可能会将暴露铅、镉和铬等有毒重金属的粉尘，这些粉尘对人的健康危害极大（Sarkodie & Adams,2018）。根据世界卫生组织（World Health Organization）的数据显示，燃烧化石燃料和生物质产生的烟雾每年导致700万人过早死亡。有研究对欧洲一次能源发电对人体健康的影响做了统计（见表4.2）。

表4.2　欧洲一次能源发电对人体健康的影响

| | 事故造成的死亡 | | 空气污染造成的健康影响 | | |
|---|---|---|---|---|---|
| | 公众 | 从业者 | 死亡 | 重度疾病 | 轻度疾病 |
| 褐煤 | 0.02 (0.005-0.08) | 0.10 (0.025-0.4) | 32.6 (8.2-130) | 298 (74.6-1193) | 17676 (4419-70704) |
| 煤炭 | 0.02 (0.005-0.08) | 0.10 (0.025-0.4) | 24.5 (6.1-98.0) | 225 (56.2-899) | 13288 (3322-53150) |
| 天然气 | 0.02 (0.005-0.08) | 0.001 (0.0003-0.004) | 2.8 (0.70-11.2) | 30 (7.48-120) | 703 (176-2813) |
| 石油 | 0.03 (0.008-0.12) | — | 18.4 (4.6-73.6) | 161 (40.4-645.6) | 9551 (2388-38204) |
| 生物能源 | — | — | 4.63 (1.16-18.5) | 43 (10.8-172.6) | 2276 (569-9104) |
| 核能 | 0.003 | 0.019 | 0.052 | 0.22 | — |

（死亡包括急性和慢性；严重疾病包括呼吸和脑血管疾病、心力衰竭和慢性支气管炎；轻度疾病包括活动受限、支气管相关、哮喘、咳嗽和下呼吸道症状等。Sornette等，2019）

## 四、资源配置

能源系统从化石燃料转向可再生技术需要大量的资金投入。2004 年，全球在可再生能源领域投资 470 亿美元，到 2015 年，这一数字增加到 2860 亿美元。中国的投资增长是全世界最快的，从 2004 年的 30 亿美元增长到 2015 年的 1030 亿美元。中国目前是世界上最大的可再生能源投资者，投资总额与美国、欧洲和印度的总和大致相同（图 4.3）。绝对投资水平可以说明一些问题，但投资贡献占一国国内生产总值（GDP）的百分比更能说明投资力度。图 4.4 显示大多数国家在可再生能源技术上的投资不到 GDP 的 1%（南非和智利除外，这两个国家的投资占 GDP 的 1.4%）。中国的投资额占 GDP 的 0.9%。尽管美国是绝对投资金额的第二大投资国，但 2015 年的投资仅占其 GDP 的 0.1%。IPCC 强调，为了实现《巴黎气候协定》的温室气体减

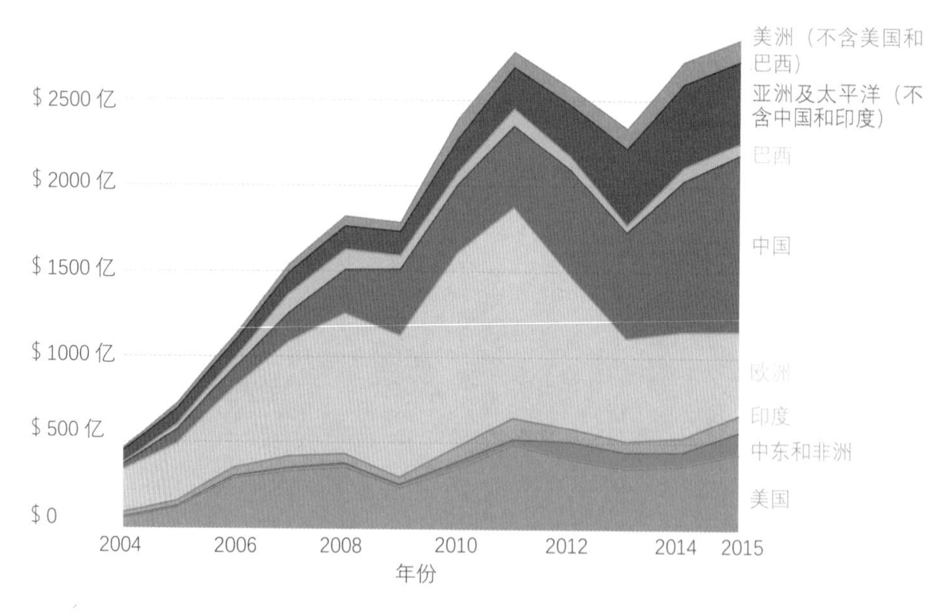


**图 4.3 世界主要国家在可再生能源上的资本投入变化**

（数据来源于世界银行。图片改编自 https://ourworldindata.org/energy-production-and-changing-energy-sources）

排目标，还需要对低碳能源技术进行更大量投资。

除了资金配置外，开发可再生能源需要配置更多的土地资源。一项研究表明（Lyman，2016），美国如果要在未来二十五年用太阳能光伏满足新能源装机总量，需要安装 293 亿个太阳能电池板和 440 万个电池模块，而这些面板和模块覆盖的面积为 29332 平方千米。如果估算费用，包括电池面板、电池组件、材料、电子控制和变压器、土地征用和设备更换的费用，总共为 15.93 万亿美元。相比之下，这些装机可以用核电站来满足，总成本只有 5280 亿美元，相当于开发上述太阳能发电的 3%。此外，美国风能协会的数据指出，按照每年 60000 兆瓦的风电装机可以减少 $CO_2$ 排放量 8000 万吨计算，如果仅用风能技术减少全球 $CO_2$ 排放量来实现《巴黎协定》目标的话，每年新增风电装机容量需为 37.5 万兆瓦左右。所有这些风力涡轮

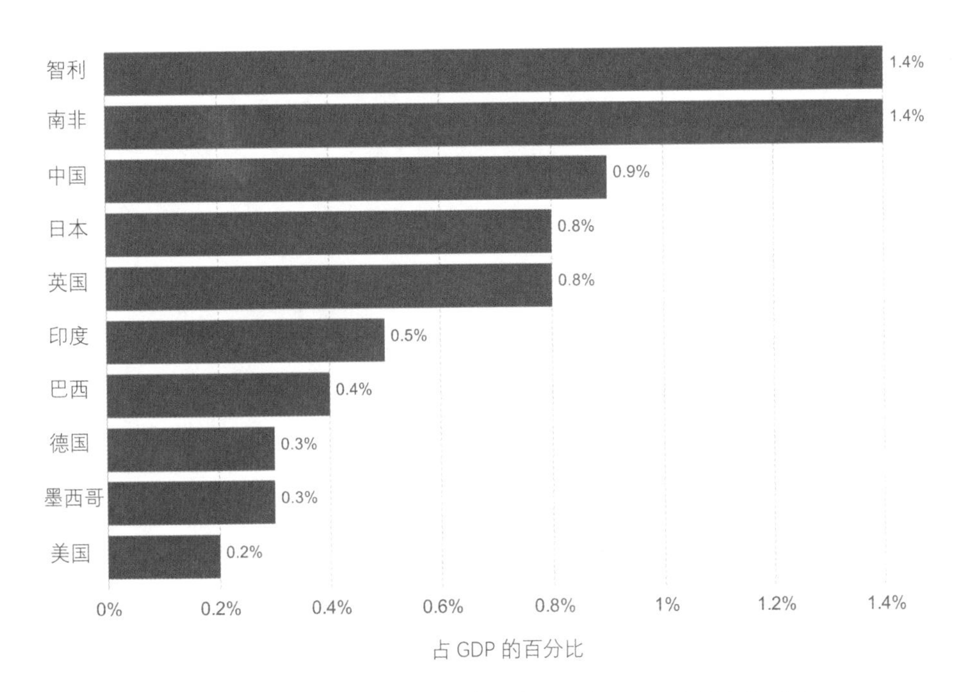


**图 4.4　2015 年各国在可再生能源上的投入占 GDP 的百分比排名**

（数据来源于世界银行。图片改编自 https://ourworldindata.org/energy-production-and-changing-energy-sources）

机需要占用一个和德国一样大的面积。

大力开发生物质能源同样需要大量土地资源。如果用玉米乙醇替代全球每天 5400 万桶的石油产量，就需要美国、中国和印度三个国家面积之和的玉米田（Lyman, 2016）。这是一个比目前世界上可使用的耕地面积更大的面积，因此，为了满足玉米乙醇用地将会导致种植粮食的土地消失。由上可以看出，为了从微弱的能量流中产生大量的电能，就需要用巨大的土地面积去弥补。图 4.5 显示了如果用一种能源技术满足全球 2010 年 10% 或者 100% 的能源需求，需要利用和开发的土地的面积对比关系。清洁能源取代化石能源是不仅仅技术问题、资金问题，更是土地资源利用的问题，需

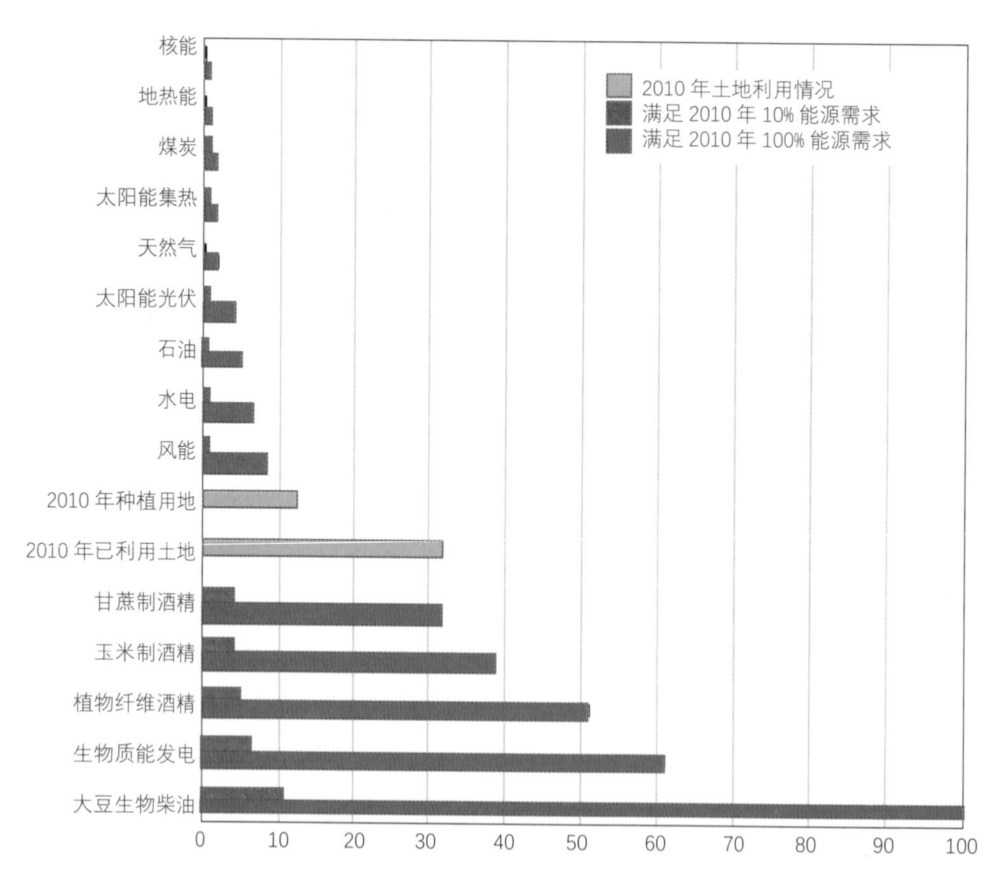


**图 4.5　基于 2010 年的全球土地利用情况，开发其他能源技术所需要的相对土地面积**

（数据来源于 Climate Change and Land Policies，Ingram 和 Hong，2011）

要利用大量土地的资源为其配置。

## 五、能源组合与能效

18 世纪 60 年代以来，世界经历了分别以蒸汽机、电力和计算机为引领的三次产业革命，每一次产业革命都使得世界文明发展水平提高一大步，未来的产业革命中绿色能源将会扮演重要的角色。目前来说，没有一种能源能在所有方面都出类拔萃。每一种能源技术都有优缺点，特别是可再生能源受制于一些外部的自然因素。太阳并不总是照耀在特定的地方，风也不总保持理想的速度，河流也不能一直从水坝的涡轮机中流过，这些都是自然禀赋所带来的局限性。虽然可以制造更便宜的太阳能电池板和更大的风力涡轮机，但无法让太阳更有规律地照耀大地，让风吹得更稳定可靠；即使是使用煤炭或天然气发电的电厂，一年也只有大约一半的时间在发电；就算是年供电时间最长的核电站也不能一直持续稳定地供应电力。例如，美国核电站的平均发电能力为 92.3%，这意味着它们一年 365 天中约有 336 天是运行的，另外 29 天是闭网检修（WNA, 2018）。目前，几乎所有国家都在寻求多样化的能源组合，以便利用不同能源供应技术的优点，解决文明前行的动力困扰，实现能源的安全、稳定、清洁和可持续利用。

在目前的能源体系中，虽然石油、煤炭和天然气仍然是核心，但以风能和太阳能光伏为主的可再生能源，正推动能源系统组合进入的新领域。有研究（IEA, 2018b）表明（见表 4.3），从 2017 到 2040 年全球一次能源需求增长将超过 25%，主要是由于人口增长、城市化和经济增长。在目前的政策背景下，化石燃料的需求仍然会持续增长。要想应对气候变化并实现 2 摄氏度目标，就需要制定新的政策。在新的政策下，煤炭和石油在一定程度上必须为可再生能源腾出发展空间，而且要在一些国家逐步淘汰煤炭的使用，让全球煤炭消费量趋于平稳。要想早日实现2摄氏度目标，各国就需要制定可持续发展政策，努力控制煤炭的需求，让2040年全球对煤炭的需求与1975年的水平持平，石油需求达到顶峰并开始下降（表4.3）。

从1965至2018年，全世界能源消费增长了2.5倍，但创造的经济产出增长了4.1倍。如果没有能源技术进步和能源利用效率的提升，地球上有限的能源资源实现不了世界日益增长的能源需求，支撑不了世界经济的可持续发展。节能和提高能效是满足经济发展并加快温室气体减排的最有效途径之一（吴吟，2018）。与末端治理相比，前端的节能和提高能效是短期内易于见效的手段。节能和提高能效不仅是排放增长的“抑制剂”，而且能够同时带来污染物控制的协同效应。国际能源署（IEA）研究（IEA, 2018b）指出，为了实现在2010年至2030年间减少59亿吨温室气体排放，在八项具体措施中，提高能效的贡献率至少为42%（见图4.6）；要实现到本世纪末将全球温度上升控制在2摄氏度以内的目标，提高能效

**表4.3 在不同政策条件下全球的能源组合与所占消费比例**

| 燃料种类（百万吨石油当量） | | | 未来政策下 | | 当前政策下 | | 可持续发展政策 | |
|---|---|---|---|---|---|---|---|---|
| | 2000年 | 2017年 | 2025年 | 2040年 | 2025年 | 2040年 | 2025年 | 2040年 |
| 煤炭 | 2308 | 3750 | 3768 | 3809 | 3998 | 4769 | 3045 | 1597 |
| 石油 | 3665 | 4435 | 4754 | 4894 | 4902 | 5570 | 4334 | 3156 |
| 天然气 | 2071 | 3107 | 3539 | 4436 | 3616 | 4804 | 3454 | 3433 |
| 核能 | 675 | 688 | 805 | 971 | 803 | 951 | 861 | 1293 |
| 可再生能源 | 662 | 1334 | 1855 | 3014 | 1798 | 2642 | 2056 | 4159 |
| 水能 | 225 | 353 | 415 | 531 | 413 | 514 | 431 | 601 |
| 现代生物燃料 | 377 | 727 | 924 | 1260 | 906 | 1181 | 976 | 1427 |
| 其他 | 60 | 254 | 516 | 1223 | 479 | 948 | 648 | 2132 |
| 固态生物质 | 646 | 658 | 666 | 591 | 666 | 591 | 396 | 77 |
| 总和 | 10027 | 13972 | 15388 | 17715 | 15782 | 19328 | 14146 | 13715 |
| 化石燃料占比 | 80% | 81% | 78% | 74% | 79% | 78% | 77% | 60% |
| $CO_2$排放（Gt） | 23.1 | 32.6 | 33.9 | 35.9 | 35.5 | 42.5 | 29.5 | 17.6 |

（数据来源于 *World Energy Outlook*. IEA, 2018b）

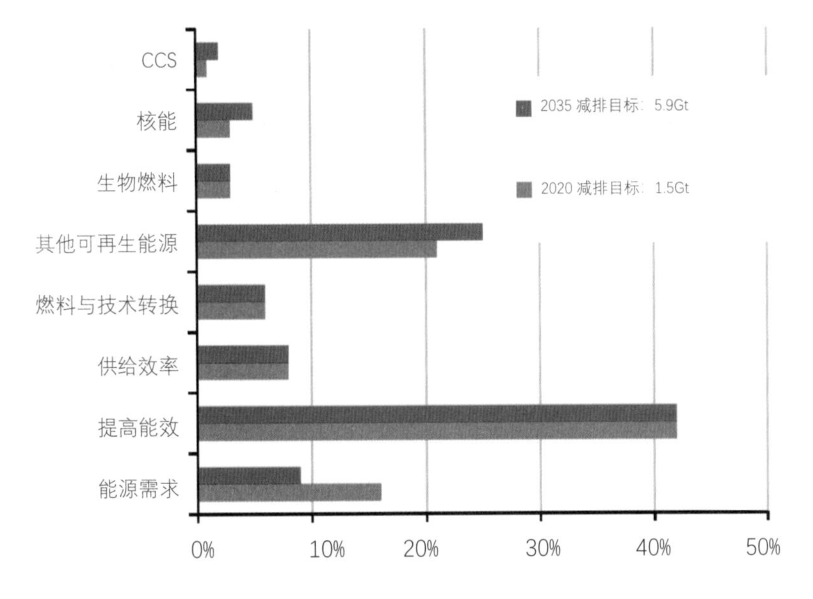


**图 4.6 主要能源相关技术对实现温室气体减排目标的贡献率**
（数据来源于 IEA，2018b）

的贡献率占 50%。埃克森美孚的研究表明，到 2035 年，能源效率的提高将使全球能源需求增长减少 65% 左右，减少至少 75% 以上的碳排放增长。全球在实现温室气体排放达峰目标的进程中，要考虑把节能和提高能效放在优先位置，坚持节能和提高能效是“第一能源”的理念。

## 六、能源转型

减少能源消费和碳排放是解决全球变暖的基本方法。Kaya 方程（见图 4.7）是用来计算人口规模、福利水平、能源强度以及碳排放强度等对环境影响的方程。Kaya 方程可以显示温室气体如何受到人类文明和生活水平增长的影响（Westergard, 2017）。为了减少全球碳排放总量，我们到底应该控制方程中四个参数中的哪一个？第一个因素是人口，根据联合国的预测，本世纪人口可能会稳定在 110 亿，除非全球支持计划生育，否则人口

图 4.7 碳排放总量的决定因素 Kaya 方程示意图

的大量减少是不可能的；第二个因素是福利水平，人类社会还在追求提高福利水平的道路上努力，在短期内很难降下来；第三和第四个因素是能源强度和碳排放强度，如果我们把碳排放强度设为零，也就是如果我们转向零碳的能源技术，整个方程的值就变成了零，同样的道理也适用于能源强度。这意味着，无论生活水平提高到什么程度，这个 Kaya 等式在零碳技术的作用下，碳排放总量最终是零。换句话说，只要温室气体不增加，物质福利的增加和持续增长就不是问题，气候变暖可以得到减缓。由于全球减少化石能源消费并加大清洁能源的开发力度，我们正在接近一个历史转折点、一个经济增长与碳排放脱钩的转折点（Stokes & Breetz, 2018）。

从城市到国家到全球，随着人类文明的不断进步，我们意识到了能源转型是全人类的事业，必须共同努力才能实现。能源转型的一个明显轨迹是从低密度到高密度，从高碳到低碳再到无碳的过程。从木柴生物质到煤炭到石油天然气再到核能，是能源燃料密度渐次增加的过程。低密度向高密度转型主要是由于更高密度能源的发现，而高密度向低密度能源过渡的主要驱动力是技术进步和对低碳能源的渴求。自然界的核燃料矿藏的品位是非常低的，但是经过勘探、开采、筛选和浓缩加工之后，核燃料才成了密度最高的能源燃料。柴油是目前内燃机使用的最高密度的能源燃料，也是经过复杂的勘探、开采和冶炼过程的石油产品，是人为的高技术的“加工”赋予了柴油“高密度”。风能和太阳能现在被认为是“不连续的低密度”

的能源，最重要的原因是“人为加工提炼”的程度不够，也就是说储能技术的突破严重“滞后”了。如果电池储能技术有了重大的突破，风能和太阳能可能将会成为“稳定的连续的”电力来源（Newell & Raimi,2018）。

由于技术进步的不确定性和不完备性，低密度能源向高密度能源转型的进程有明显的中断和转折，不像高碳向低碳向无碳转型那么连续和明显。裂变式核电站发生事故处置成本高，造成影响的时间长，阻碍了核能的快速发展，能源发展战略也往往因为考虑发生核电事故风险的可能性而降低核电的比重。全世界的科学家还在为提高核能技术而努力，还在追求实现更高能源密度的技术突破，可控热核聚变技术实现商业运行之时，也许就是人类获得能源解放之日。全世界的能源转型有明显的阶段性（见图4.8），就每个国家而言，能源转型的进程与国家资源禀赋、工业经济的发展阶段、社会文明的发展水平密切相关。就能源结构而言，中国还处于能源的煤炭

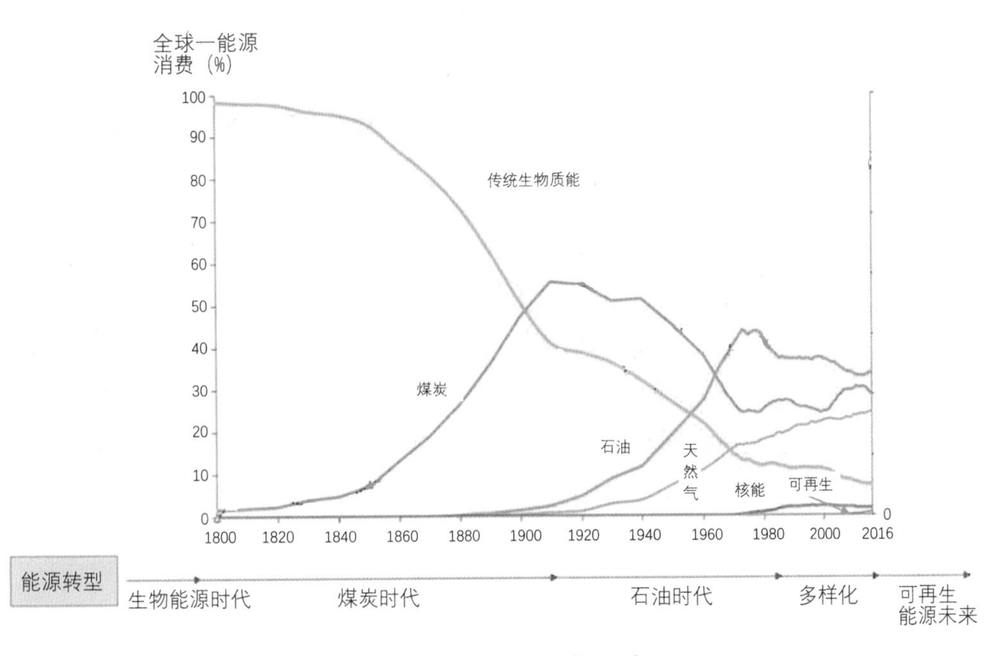


**图4.8　世界能源转型的历史**

（改编自Lee和Yang，2019）

时代，但可喜的是已经到达了“峰值期”。美国能源还处于石油时代，其石油消费也进入了“峰值期”。欧洲在能源转型方面走在了世界的前面，可再生能源对化石能源的替代进入了“加速发展期”，其天然气消费似乎也进入了“峰值期”。从英国、欧洲和美国等主要发达国家能源转型的历程来看，煤炭时代的终结还会有很长的一段路程，甚至在某些国家会有反复。20 世纪 70 年代末开始，英国撒切尔政府下了极大的决心、动用了强大的强制手段关闭煤矿，以减少煤炭消费和大气污染，直到四十年后的今天，英国才完成了全部煤矿关闭作业的工作（陈卫东，2018）。

在过去的二十年里，我们看到了全世界用数万亿美元投资于可再生能源，但全球 $CO_2$ 排放下降乏力，人类社会减排工作还不能完全依赖可再生能源，还需要更“洁净”的能源技术。核科学技术的发展和核能的和平利用是 20 世纪人类最伟大的成就之一，经过几十年的发展，核能技术已经渗透到能源、工业等各个领域。目前，人类正在努力寻找获得核能的另一条途径，一种与太阳能量产生原理相同的途径。如前文所述，在太阳中心的超高温和超高压下，氢原子核互相作用发生核聚变，结合成较重的氦原子核，同时由于质量的衰减释放巨大的光和热。太阳的能量来源启发了科学家，让他们认识到，人工控制下的氢元素核聚变反应即受控热核反应，会成为未来人类社会最重要的能量来源。人类最早利用核聚变是在 20 世纪 50 年代制造了氢弹，氢弹为不可控核聚变，只能作为武器瞬间释放全部能量。由于控制热核反应要比控制裂变反应堆困难得多，虽然近五十年来世界各国都在大力研究，但仍有不少技术难题尚未解决。未来，寻找一种可持续、无污染、无碳排放的新能源，是人类迫切需要解决的问题，也许核聚变技术可以为我们提供答案，帮助我们彻底解决气候变化的问题（MIT，2018）。希望在不远的将来，在一个零碳能源技术的社会，我们不再需要用 Kaya 方程来分析计算碳排放总量。

# 第五章 气候行动

人类面临的气候变化问题从其范围来看没有疆界，因为它是通过地表的碳平衡、氧平衡、水平衡及热量平衡等流动过程影响全球的生态环境系统。从全球治理角度看，它并不是一个国家或一个地区所能解决的，而是需要世界各国人民共同努力、相互协作、步调一致地行动，否则人类无法改善全球生态环境，也就无法保证全球经济和社会文明的蓬勃发展。“地球是一个整体，全人类是一个命运共同体。”唯有世界各国联合起来进行全球治理，我们所面临的全球变化才有可能得到妥善解决。

## 一、气候组织

联合国是世界上最大的国际政府间组织，它牵头成立了专门致力于解决全球气候变化问题的组织——政府间气候变化专门委员会（IPCC）。IPCC 由联合国环境规划署（UN Environment）和世界气象组织（WMO）始建于 1988 年，旨在为决策者定期提供针对气候变化影响和未来风险的科学评估，并提出适应和减缓战略。目前，IPCC 共有 195 个成员国和地区，有三个工作组：第一工作组涉及气候变化的自然科学基础研究；第二工作组涉及气候变化的影响、适应和脆弱性分析；第三工作组涉及气候变化的减缓。IPCC 还有一个国家温室气体清单专题组，是负责制订全球排放量和减排量的测量方法。

IPCC 是目前发布关于气候变化研究进展最权威的机构之一，由来自世界各地的数百名气候专家志愿者组成。它审查和评估世界范围内与气候变化有关的最新科学研究进展和相关的社会经济信息。它既不支持任何研究，也不监测与气候有关的数据或参数。数百名科学家自愿将数千篇经过同行评议的科学论文的研究结果整理出来提供给 IPCC，为决策者和公众提供当前对气候变化研究的最佳科学理解。除此之外，另有数百名专家对报告的内容进行审查并提出意见。IPCC 的属性是国际政府间的组织，这意味着各个联合国成员国的政府可以将他们本国的科学认识整合到 IPCC 的报告中。IPCC 评估报告历来受到国际社会的高度关注，直接或间接推进了全球应对气候变化进程。

下面简单介绍 IPCC 从建立之初至今所做的标志性工作（见图 5.1）。

1990 年，IPCC 第一次评估报告促使联合国大会做出制定《联合国气候变化框架公约》（UNFCCC）的决定；

1995 年，IPCC 第二次评估报告为系统阐述 UNFCCC 的最终目标提供了坚实依据，并推动了 1997 年《京都议定书》的诞生；

2001 年，IPCC 第三次评估报告促使 UNFCCC 谈判确立适应和减缓两个议题，为《京都议定书》的生效提供科学支撑；

2007 年，IPCC 第四次评估报告明确提出过去五十年的气候变化很可能归因于人类活动，推动了“巴厘路线图”的诞生；

2014 年，IPCC 第五次评估报告进一步凝聚了国际社会应对气候变化的共识，为推动 2015 年巴黎气候变化大会达成《巴黎协定》产生了积极影响。

2018 年 10 月，IPCC 发布了令人瞩目的《全球 1.5℃增暖特别报告》。评估报告系统地给出了与国际应对气候变化进程密切相关的科学结论，代表了国际科学界对气候变化及其影响和应对的主流认识水平，具有极高的政策参考价值。

2018 年 12 月 15 日，第二十四届联合国气候变化大会（COP24）在波兰的卡托维兹召开。本次大会通过了“卡托维兹一揽子计划”，为《巴黎

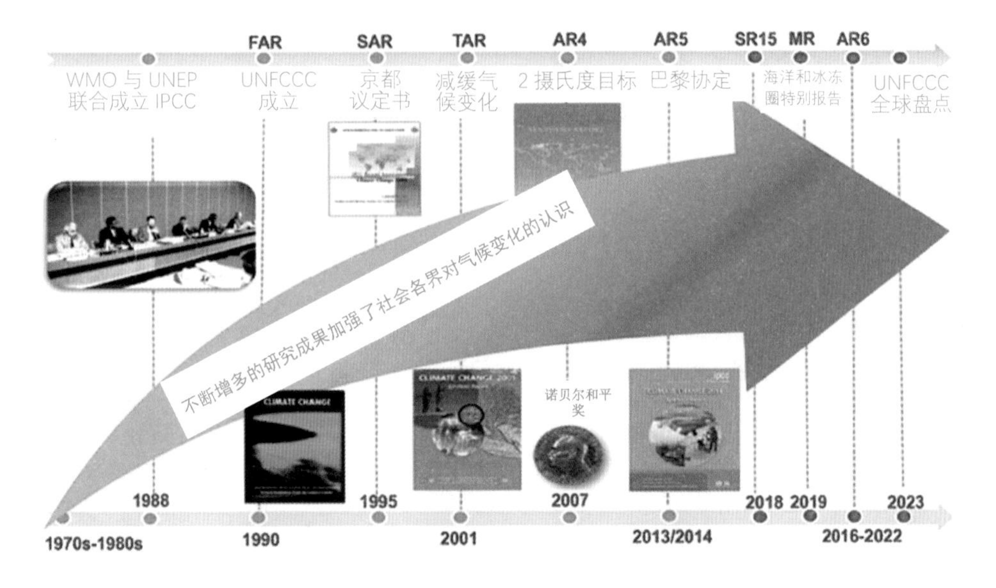


**图 5.1　IPCC 的发展历史和主要事件示意图**

（图片改编自 Loss and Damage from Climate Change，Mechler 等，2018）

协定》制定了详细的“实施细则”，夯实了目前的国际气候治理框架机制，为接下来应对全球气候变化奠定了基础。

2019 年，旨在细化《2006 年 IPCC 国家温室气体清单指南》的方法学报告将完成。IPCC 还将完成另外两份特别报告：一份是关于在气候变化条件下海洋和冰冻圈的特别报告；另一份是关于气候变化、荒漠化、土地退化、可持续土地管理、粮食安全及陆地生态系统温室气体通量的“IPCC 气候变化与土地特别报告”。

2021—2022 年：第三个工作组的 IPCC 第六次评估报告于 2021 年完成后，第六次评估报告的综合报告将于 2022 年上半年完成。第六次评估报告也将为进一步落实《巴黎协定》提供科学参考。

## 二、气候谈判

全球气候变化治理已经成为主要国际组织和国家集团密切关注的问题。包括联合国系统的组织在内，气候问题已在八国集团、二十国集团、主要经济体能源与气候论坛、亚太经济合作组织、金砖五国等国际组织的工作中占有重要地位。非政府组织、国际实业界也在积极探讨气候变化问题。气候变化问题已经超越了生态保护技术范畴，在各国之间产生了一系列新的政治、经济和国际法博弈等问题。近二十年来，对气候变化问题的讨论呈现出政治化趋向。根据联合国环境规划署2008年公布的《全球绿色新政》报告中确立的目标，当下世界经济的发展趋向是最大限度地降低碳排放量和运行能耗，减少所有国际法主体的碳足迹。与此相悖的是，各个缔约国试图将全球化中的经济、政治秩序等复杂问题与气候变化谈判相捆绑。发达国家不想承担更多减排义务，发展中国家不能放慢经济发展速度，而落后国家在应对气候变化方面期望获得更多来自外部的资金和技术援助。因此，各个国家在谈判的过程中存在明显的争议。发达国家更注重减排力度和透明度问题，回避适应、资金及技术转让问题。发展中国家则更强调发达国家在资金及技术转让问题上的责任与义务（谢来辉， 2012）。这一矛盾在2017年年底举行的联合国气候变化波恩大会和2018年底的联合国气候变化卡托维兹大会的谈判中表现得更加突出。

此外，在媒体推动下，这一涉及全球未来命运的重大生态安全问题则成为一些有影响力的国际人士的脱口秀和噱头。学术界的一些“谎言制造者”和“怀疑论者”相互指责对方，严重影响了解决这一问题的进程。加拿大、日本、新西兰、俄罗斯宣布退出《京都议定书》规定的第二承诺期义务，同时作为碳排放大国的美国并未加入该议定书，故此，《京都议定书》第二承诺期被外界评论为"有名无实"的量化减排协定。多哈会议通过的《京都议定书》修正案体现了缔约各方长达八年谈判的博弈结果。目前，发达国家总体上倾向于以新的协定取代《京都议定书》，而发展中国家则更多希望缔约国继续履行《京都议定书》所确立的第二承诺期减排目标，落后国家期望获得更多外部援助。

特朗普上台后，美国成为全球应对气候变化行动最大的反对者，给了欧盟在国际多边舞台争取气候伙伴国支持的机会。联合国气候变化大会成为欧盟展示其气候能源治理成果、发挥国际领导力的重要多边舞台。近年来，欧盟在全球气候治理机制谈判中明显加强了与中国的沟通协调。2018年6月，欧盟联合中国、加拿大发起并组织"第二届气候行动部长级会议"，为来自35个国家的代表进行政治对话提供平台，为推动国际气候谈判进程注入了正能量。与会者除欧盟国家外，还有印度、斐济、马绍尔群岛的高级官员以及联合国、北大西洋公约组织和非盟的代表。会议力图从全球安全的高度提升国际社会应对气候变化的政治动力和决心。2018年7月，中国与欧盟领导人会晤，首次发表《中欧领导人气候变化和清洁能源联合声明》，并签订了《关于加强碳排放交易合作的谅解备忘录》。双方强调共同推进《巴黎协定》实施的必要性，将加强中欧在气候变化和清洁能源领域的政治、经济和科技合作，推动全球向绿色、低碳和气候适应型经济社会及清洁能源体系转型，助力实现世界经济的繁荣稳定与可持续发展。在其他多边场合，欧盟也与中国一道向国际社会释放积极信号。在阿根廷首都布宜诺斯艾利斯举行的二十国集团（G20）领导人第十三次峰会期间，法国外交部部长勒德里昂、中国国务委员兼外交部部长王毅和联合国秘书长古特雷斯联合举行了三方会议，向全球发出了比峰会联合公报更加积极的信号。中法两国外长首次就气候变化问题发布新闻公报，显示了中法在气候变化领域合作和协调的进一步加强。未来，引领新一轮气候谈判突破的根本，在于如何应对气候谈判中所要解决的诸如全球能源发展战略、资金流量分配、投资活动的次序、技术增长的方向等关乎世界经济的重大问题。

## 三、碳定价

碳定价是一种为了降低温室气体排放而制定的政策工具。它可以反映温室气体排放的外部成本，即公共支付的排放成本，如气候变化所带来的农作物受损成本、干旱和升温带来的医疗保健成本、洪水带来的财产损失及海平面上升产生的气候影响等，理论上这些成本可以通过对排放的二氧化碳定价的方式展现出来。这种定价方式有助于将温室气体排放造成的损害负担转移给那些应对此负责的人和机构。碳定价不是直接决定谁应该在何处排放以及如何减少排放，而是向排放者提供经济信号，在以最灵活、成本最低的方式实现全球减缓气候变化目标。设定适当的温室气体排放价格对于制定经济激励措施，以及将气候变化的外部成本内部化具有根本意义。碳定价可以采取不同的形式和方法，目前主要的方式有排放交易系统和碳税，其他类型还包括碳定价抵销机制、气候融资等形式。世界主要的碳排放国家和地区都已经实施或将要实施相应的碳定价机制理想情况下，碳价格应该等于额外排放一吨二氧化碳所造成的社会净成本。碳定价对于激励气候变化行动是必要的，如果在整个经济体系中实施碳定价，可以产生有效的减排效果，因为所有部门都将面临相同的边际减排成本。

### 1. 碳排放权交易

碳排放权交易是基于市场的节能减排政策工具，排放者可以交易排放单位以满足其排放目标，纳入碳交易体系的机构每排放一吨二氧化碳，就需要有一个单位的碳排放配额。这些机构可以实施内部减排措施减少排放，也可以获取或购买这些配额，或是和其他公司进行配额交易，具体选择将取决于每个方案的相对成本。全球首个主要的碳排放权交易系统（ETS）——欧盟排放交易系统（EUETS）于 2005 年投入运营。随着越来越多的政府考虑采纳碳市场作为节能减排的政策工具，碳交易已逐渐成为全球应对气候变化的关键工具。大部分碳交易系统涵盖工业和能源行业，部分系统被用于减少其他行业部门的碳排放，如建筑、航空等。

### 2. 碳税

碳税（Carbon Tax）是针对化石燃料（如石油、煤炭、天然气）使用产生的二氧化碳排放而征收的税，是一种环境税。碳税的征收会提高石化能源产品的价格，价格的提高会促进资源的节约利用、能源使用效率的提高，从而减少温室气体的排放。虽然碳税和碳交易都是基于市场机制的调节手段，但二者有着很大的不同：碳交易往往会导致碳配额价格波动较大，但碳排放量可提前预测且相对稳定；碳税的税率可以保持相对平稳的碳价格，但会导致碳排放量的波动，且较难预测。

### 3. 碳补偿

碳补偿（Carbon Offset）是指个人或组织向二氧化碳减排项目提供相应资金，以充抵自己的二氧化碳排放量。这些资金会给到专门企业或机构，由他们通过植树或其他环保项目抵销大气中相应的二氧化碳量。

根据世界银行的研究显示（WBG，2018），截至 2018 年年初，全球有 42 个国家和 25 个地方管辖区（城市、州和地区）通过碳排放交易体系或碳税对碳进行定价。其中，24个排放交易体系，主要是在地方管辖范围内；23个碳税制度，主要在国家层面实施。这些碳定价措施涵盖了全球80亿吨碳排放，占全球碳排放的15%。在过去十年中，实施碳定价举措的国家和地区的数量翻了一番。这些地区包括全球十大经济体中的七个，其碳排放量占全球温室气体排放量的四分之一。在所有实施碳定价的国家中，涵盖的碳排放量最大的是中国，在七个ETS试点范围内，涉及温室气体排放总量为13亿吨。于2017年年底启动的中国碳排放交易体系可能会成为世界最大的碳定价市场。目前全球碳价格跨度很大，最低1美元/吨二氧化碳当量，最高139美元/吨二氧化碳当量，平均价格10美元/吨二氧化碳当量。这个平均碳价格远远低于为实现《巴黎协定》气温目标而建议的到2020年每吨40～80美元和2030年每吨50～100美元的水平。2017年随着全球碳定价机制的建立与实施，碳定价机制所覆盖的碳排放量也达到史上最高。2018年，ETS和碳税的总价值达到820亿美元，比2017年增长了56%（WBG, 2018）。无论是通过碳税还是碳排放交易机制，碳定价都应该成为有效的长期的气候政策的核心。

# 第六章 结语——中国担当

气候变化问题的本质是人类社会文明的发展与生态环境发展不协调。人类文明的向前发展是必然趋势，而文明发展所需要的物质驱动力一定是某种自然资源，之前和现在是化石能源，未来也许是绿色能源。无论我们利用哪种能源，自然就一定会产生反馈，对我们文明的发展产生影响。这种相互作用、相互影响从来没有停止过，而且在不断加剧，这是人类文明发展与自然相互制约关系的本质问题。在未来，即使人类停止使用化石能源，完全转变为使用绿色能源，并且治理了气候变化，也很有可能会出现另外一种与自然不和谐的局面，也许是生态环境遭到破坏，也许是可种植土地不足等，似乎这是人类文明发展与保持大自然原生环境之间的矛盾。目前，人类在能源领域所做的努力和技术的进步也只能减少环境影响，而做不到消除环境影响。因此，在选择能源技术时，需要对各种环境影响做综合的客观的评价，哪一种环境影响是可以接受的，哪些是一定要避免的，不能单纯为了治理气候变化，牺牲了其他方面的环境资源，造成其他方面的环境影响。

能源转型不是一蹴而就的，需要一个漫长的过程。从 1712 年托马斯·纽科门制造第一台实用型蒸汽机，到 1885 年煤炭消费超过薪柴成为主导能源，用了 173 年时间；从 1859 年美国打出第一口油井，到 1965 年石油超过煤炭成为主导能源，则用了 106 年时间。煤炭取代薪柴，石油取代煤炭成为主导能源，属于高密度能源替代低密度能源，是能源转型的内生发展规律。绿色能源替代化石能源，却是一个低密度能源替代高密度能源的过程，是外部条件影响下的转型，因此难度会更大，需要的颠覆性创新会更多。

世界各国都承认气候变化首先是一个全球环境问题，同时更是一个能源问题和发展问题，是一个国家现代化进程中出现的综合性问题。处于当今发展阶段的中国，除了气候变化问题外，其他的环境问题还包括化学品污染、水污染、土壤污染、雾霾等。尽管与国际社会一起应对气候变化能在一定程度上帮助我们解决污染难题，但中国更应该从实际出发，寻找一条适合国情的应对气候变化之路、一条适应国情的能源转型之路。

随着国际能源格局和经济发展方式的转变，我国节能减排与新能源产业发展呈现绿色环保的新趋势。特别是在我国经济和能源转型升级的大背景下，大力发展绿色能源不仅可以对能源结构起到优化作用，而且能拉动有效投资、促进产业结构优化升级，逐步构建低能耗、少污染的现代化生产体系。早在 20 世纪 50 年代，为了解决能源供应不足的问题，我国就开始发展小水电、沼气池、太阳灶、风力提水机、小型风电机、中低温地热利用和小型潮汐电站等新能源。当时这些技术还不够成熟，距离能够规模化开发的新技术还有很长距离，只是在能源供给不足条件下，就地取材的小范围、零散式利用，还远远达不到产业范畴，也无法进入商品能源的统计中。1990—2010 年，新能源开始真正发展起来，终端能源消费比重从 1991 年 0.01% 迅速增加至 2010 年 1.62%。2010 年以后，新能源进入了高速增长期，尤其是以太阳能发电、风力发电为代表的新能源发电装机出现爆发式增长，2018 年两者装机比重占全部电力装机比重的 18.89%。中国能源产业经过七十年的发展，新能源的开发建设规模不断壮大，关键技术进步显著，对减轻环境污染和碳减排贡献显著。2018 年，我国单位 GDP 能耗比 1953 年降低 43.1%。从单位 GDP 能耗指标值（GDP 按 2018 年价格计算）来看，由 1953 年的 0.91 吨标准煤 / 万元逐步上升到 1960 年最高的 2.84 吨标准煤 / 万元后，基本呈现稳步下降态势，2018 年下降到最低的 0.52 吨标准煤 / 万元；从单位 GDP 能耗降低率来看，在改革开放之前波动较大，多数年份为上升，改革开放之后基本保持下降态势。

改革开放四十年来，中国能源行业发生巨变，取得了举世瞩目的成就，能源生产和消费总量跃升世界首位，能源基础设施建设突飞猛进，能源消费结构持续优化，清洁能源消费比重持续提升，清洁能源生产消费总量位居世界第一。在清洁发展方面，2018 年天然气、水电、核电、风电等清洁能源消费量占能源消费总量的 22.1%，非化石能源消费占比达到 14.3%。2018 年，全国 6000 千瓦及以上火电机组供电煤耗 308 克 / 千瓦时，比 1978 年的 471 克 / 千瓦时下降了 163 克 / 千瓦时（见表 6.1）。

**表 6.1　我国改革开放四十年来在能源节能环保方面所取得的成果**

| 1978年 | 节能环保 | 2018年 | 单位 |
|---|---|---|---|
| 471 | 6MW及以上火电机组供电煤耗 | 308 | 克标准煤/千瓦时 |
| 26 | 单位发电煤电烟尘排放量 | 0.06 | 克/千瓦时 |
| 10 | 单位发电二氧化硫排放量 | 0.26 | 克/千瓦时 |
| 3.6 | 单位发电煤电氮氧化物排放量 | 0.25 | 克/千瓦时 |
| 2.3 | 单位GDP能耗 | 0.52 | 吨标准煤/万元GDP |

（数据来源于《中国能源发展报告 2018》）

国家主席习近平发表的 2018 年新年贺词中特别指出：“作为一个负责任大国，中国坚定维护联合国权威和地位，积极履行应尽的国际义务和责任，信守应对全球气候变化的承诺。”习主席的讲话表明了中国的立场和态度，再次展现了中国百分百实践气候承诺的决心和信心。随着综合国力的上升，中国已经从全球治理的“边缘”参与者向“核心”贡献者和引领者大步迈进，正在为治理全球气候变化，推动能源转型和低碳发展，展现中国担当，贡献更多中国力量。

# 参考文献

Abraham J P, Baringer M, Bindoff N L, Boyer T, Cheng L J, Church J A, Conroy J L, Domingues C M, Fasullo J T, Gilson J, Goni G, Good S A, Gorman J M, Gouretski V, Ishii M, Johnson G C, Kizu S, Lyman J M, Macdonald A M, Minkowycz W J, Moffitt S E, Palmer M D, Piola A R, Reseghetti F, Schuckmann K, Trenberth K E, Velicogna I, Willis J K (2013). A Review of Global Ocean Temperature Observations: Implications for Ocean Heat Content Estimates and Climate Change. *Reviews of Geophysics*, 51: 450-483.

Anderson A, Rezaie B (2019). Geothermal Technology: Trends and Potential Role in a Sustainable Future. *Applied Energy*, 248: 18-34.

Andwari A M, Pesiridis A, Rajoo S, Martinez-Botas R, Esfahanian V (2017). A review of Battery Electric Vehicle Technology and Readiness Levels. *Renewable & Sustainable Energy Reviews*, 78: 414-430.

Archer C L, Jacobson M Z (2005). Evaluation of Global Wind Power. *Journal of Geophysical Research-Atmospheres*, 110.

Archer D, Eby M, Brovkin V, Ridgwell A, Cao L, Mikolajewicz U, Caldeira K, Matsumoto K, Munhoven G, Montenegro A, Tokos K (2009). Atmospheric Lifetime of Fossil Fuel Carbon Dioxide. *Annual Review of Earth and Planetary Sciences*, 37: 117-134.

Bajzelj B, Richards K S, Allwood J M, Smith P, Dennis J S, Curmi E, Gilligan C A (2014). Importance of Food-demand Management for Climate Mitigation. *Nature Climate Change*, 4: 924-929.

Bamber J L, Aspinall W P (2013). An Expert Judgement Assessment of Future Sea Level Rise from the Ice Sheets. *Nature Climate Change*, 3: 424-427.

Barron-Gafford G A, Minor R L, Allen N A, Cronin A D, Brooks A E, Pavao-Zuckerman M A (2016). The Photovoltaic Heat Island Effect: Larger Solar Power Plants Increase Local Temperatures. *Scientific Reports*, 6.

Bayer P, Rybach L, Blum P, Brauchler R (2013). Review on Life Cycle Environmental Effects of Geothermal Power Generation. *Renewable & Sustainable Energy Reviews*, 26: 446-463.

Beer C, Reichstein M, Tomelleri E, Ciais P, Jung M, Carvalhais N, Rodenbeck C, Arain M A, Baldocchi D, Bonan G B, Bondeau A, Cescatti A, Lasslop G, Lindroth A, Lomas M, Luyssaert S, Margolis H, Oleson K W, Roupsard O, Veenendaal E, Viovy N, Williams C, Woodward F I, Papale D (2010). Terrestrial Gross Carbon Dioxide Uptake: Global Distribution and Covariation with Climate. *Science*, 329: 834-838.

Berner R A (2003). The Long-term Carbon Cycle, Fossil Fuels and Atmospheric Composition. *Nature*, 426: 323-326.

Bevis M, Harig C, Khan S A, Brown A, Simons F J, Willis M, Fettweis X, van den Broeke M R, Madsen F B, Kendrick E, Caccamise D J, van Dam T, Knudsen P, Nylen T (2019). Accelerating Changes in Ice Mass Within Greenland, and the Ice Sheet's Sensitivity to Atmospheric Forcing. *Proceedings of the National Academy of Sciences of the United States of America*, 116: 1934-1939.

BP (2019). BP 世界能源统计年鉴 2019.

Cebulla F, Jacobson M Z (2018). Carbon Emissions and Costs Associated with Subsidizing New York Nuclear Instead of Replacing it with Renewables. *Journal of Cleaner Production*, 205: 884-894.

Chen I C, Hill J K, Ohlemuller R, Roy D B, Thomas C D (2011). Rapid Range Shifts of Species Associated with High Levels of Climate Warming. *Science*, 333: 1024-1026.

Cheng L J, Abraham J, Hausfather Z, Trenberth K E (2019a). How Fast are the Oceans Warming? *Science*, 363: 128-129.

Cheng L J, Zhu J, Abraham J, Trenberth K E, Fasullo J T, Zhang B, Yu F J, Wan L Y, Chen X R, Song X Z (2019b). 2018 Continues Record Global Ocean Warming. *Advances in Atmospheric Sciences*, 36: 249-252.

Church J A, White N J, Konikow L F, Domingues C M, Cogley J G, Rignot E, Gregory J M, van den Broeke M R, Monaghan A J, Velicogna I (2011). Revisiting the Earth's Sea-level and Energy Budgets from 1961 to 2008. *Geophysical Research Letters*, 38.

Cook B I, Smerdon J E, Seager R, Coats S (2014). Global Warming and 21st Century Drying. *Climate Dynamics*, 43: 2607-2627.

Crook E D, Cohen A L, Rebolledo-Vieyra M, Hernandez L, Paytan A (2013). Reduced Calcification and Lack of Acclimatization by Coral Colonies Growing in Areas of Persistent Natural Acidification. *Proceedings of the National Academy of Sciences of the United States of America*, 110: 11044-11049.

Deemer B R, Harrison J A, Li S Y, Beaulieu J J, Delsontro T, Barros N, Bezerra-Neto J F, Powers S M, dos Santos M A, Vonk J A (2016). Greenhouse Gas Emissions from Reservoir Water Surfaces: A New Global Synthesis. *Bioscience*, 66: 949-964.

Doney S C, Balch W M, Fabry V J, Feely R A (2009). Ocean Acidification: A Critical Emerging Problem for the Ocean Sciences. *Oceanography*, 22: 16.

Durack P J, Gleckler P J, Landerer F W, Taylor K E (2014). Quantifying Underestimates of Long-term Upper-ocean Warming. *Nature Climate Change*, 4: 999-1005.

Easterling D R, Kunkel K E, Wehner M E, Sun L Q (2016). Detection and Attribution of Climate Extremes in the Observed Record. *Weather and Climate Extremes*, 11: 17-27.

Elberling B, Michelsen A, Schadel C, Schuur E A G, Christiansen H H, Berg L, Tamstorf M P, Sigsgaard C (2013). Long-term $CO_2$ Production Following Permafrost Thaw. *Nature Climate Change*, 3: 890-894.

Farmer G T (2014). *Modern Climate Change Science*. Springer; New York.

Flanner M G (2009). Integrating Anthropogenic Heat Flux with Global Climate Models. *Geophysical Research Letters*, 36.

GCCSI (2019). *Global Status of CCS Report.* Global CCS Institute.

Hansen J, Sato M, Kharecha P, von Schuckmann K (2011). Earth's Energy Imbalance and Implications. *Atmospheric Chemistry and Physics*, 11: 13421-13449.

Harvey H (2018). *Designing Climate Solutions: A Policy Guide for Low-Carbon Energy*. Island Press.

Honders C (2018). *Nuclear Power Plants : Harnessing the Power of Nuclear Energy*. PowerKids Press; New York.

Hu A X, Levis S, Meehl G A, Han W Q, Washington W M, Oleson K W, van

Ruijven B J, He M Q, Strand W G (2016). Impact of Solar Panels on Global Climate. *Nature Climate Change*, 6: 290-294.

IEA (2018a). *IEA Global EV Outlook 2018*. IEA International Energy Agency, 2019.

IEA (2018b). World Energy Outlook. IEA International Enegy Agency,2019.

IEA (2019a). *$CO_2$ Emissions from Fuel Combustion.* IEA International Energy Agency, 2019.

IEA (2019b). *Energy Prices and Taxes*. IEA International Energy Agency, 2019.

IEA (2019c). *IEA Coal Information 2019*. International Energy Agency, 2019.

IEA (2019d). *IEA Electricity Information 2019*. IEA International Energy Agency, 2019.

IEA (2019e). *IEA Natural Gas Information 2019*.IEA International Energy Agency, 2019.

IEA (2019f). *IEA Oil Information 2019*. IEA International Energy Agency, 2019.

IEA (2019g). *IEA Renewables Information 2019*. IEA International Energy Agency, 2019.

IEA (2019h). *IEA World Energy Statistics 2019*. IEA International Energy Agency, 2019.

Ingram G K, Hong Y-H (2011). *Climate Change and Land Policies*. Lincoln Institute of Land Policy.

IPCC (2007). *IPCC Fourth Climate Change Assessment Report.* The Physical Science Basis.

IPCC (2013). *IPCC Fifth Climate Change Assessment Report.* The Physical Science Basis.

IPCC (2018). *Special Report on Global Warming of 1.5 ℃.*

IRENA (2019). *Renewable Energy Statistics 2019.*

Jacobson M Z (2019). *Evaluation of Nuclear Power as a Proposed Solution to Global Warming, Air Pollution, and Energy Security.* Cambridge University Press, in press.

Jacobson M Z, Delucchi M A, Cameron M A, Mathiesen B V (2018). Matching Demand with Supply at Low Cost in 139 Countries Among 20 World Regions with 100% Intermittent Wind, Water, and Sunlight (WWS) for All Purposes. *Renewable Energy*, 123: 236-248.

Jenssen T (2013). *Glances at Renewable and Sustainable Energy*. Springer; New York.

Kiehl J T, Trenberth K E (1997). Earth's Annual Global Mean Energy Budget. *Bulletin of the American Meteorological Society*, 78: 197-208.

Kumar A, Yang T, Sharma M P (2019). Long-term Prediction of Greenhouse Gas Risk to the Chinese Hydropower Reservoirs. *Science of the Total Environment*, 646: 300-308.

Lee J, Yang J-S (2019). Global Energy Transitions and Political Systems. *Renewable and Sustainable Energy Reviews*, 115.

Lyman R (2016). Why Renewable Energy Cannot Replace Fossil Fuels. (https://www.heartland.org/publications-resources/publications/whyrenewable-energy-cannot-replace-fossil-fuels-by-2050.)

Mara W (2011). *The Chernobyl Disaster : Legacy and Impact on the Future of Nuclear Energy*. Marshall Cavendish Benchmark; New York.

Marcott S A, Shakun J D, Clark P U, Mix A C (2013). A Reconstruction of Regional and Global Temperature for the Past 11,300 Years. *Science*, 339: 1198-1201.

Mathez E A, Smerdon J E (2018). *Climate Change : the Science of Global Warming and Our Energy Future*, Second edition. ed. Columbia University Press; New York.

McCombie C, Jefferson M (2016). Renewable and Nuclear Electricity: Comparison of Environmental Impacts. *Energy Policy*, 96: 758-769.

McElroy M B (2010). *Energy: Perspectives, Problems, and Prospects*. Oxford University Press.

Mechler R, Bouwer L M, Schinko T, Surminski S, Linnerooth-Bayer J (2018). *Loss and Damage from Climate Change*. Springer Berlin Heidelberg; New York.

Miller L M, Keith D W (2018). Climatic Impacts of Wind Power. *Joule*, 2: 2618-2632.

MIT (2018). *The Future of Nuclear Energy in a Carbon-Constrained World*. MIT Massachusetts Institute of Technology.

Moriarty P, Honnery D (2011). *Rise and Fall of the Carbon Civilisation : Resolving Global Environmental and Resource Problems*. Springer Verlag; London ; New York.

NASA (2014). What is the Difference Between Weather and Climate?

(http://www.nasa.gov/mission_pages/noaa-n/climate/climate_weather.html.)

Newell R G, Raimi D (2018). The New Climate Math: Energy Addition, Subtraction, and Transition. *Issue Brief of Resources for the Future*.

Sarkodie S A, Adams S (2018). Renewable Energy, Nuclear Energy, and Environmental Pollution: Accounting for Political Institutional Quality in South Africa. *Science of the Total Environment*, 643: 1590-1601.

Searchinger T D, Beringer T, Strong A (2017). Does the World Have Low-carbon Bioenergy Potential from the Dedicated Use of Land? *Energy Policy*, 110: 434-446.

Simpkins G (2017). Progress in Climate Modelling. *Nature Climate Change*, 7: 684-686.

Somerville R C J (2012). *Science, Politics, and Public Perceptions of Climate Change*. Springer; Vienna.

Song C H, Gardner K H, Klein S J W, Souza S P, Mo W W (2018). Cradle-to-Grave Greenhouse Gas Emissions from Dams in the United States of America. *Renewable & Sustainable Energy Reviews*, 90: 945-956.

Sornette D, Kröger W, Wheatley S (2019). *New Ways and Needs for Exploiting Nuclear Energy*. Switzerland.

Srivastav A (2019). *The Science and Impact of Climate Change*. Springer; Singapore.

Stephenson M (2018). *Energy and Climate Change, An Introduction to Geological Controls, Interventions and Mitigations.* Elsevier.

Stokes L C, Breetz H L (2018). Politics in the US Energy Transition: Case

Studies of Solar, Wind, Biofuels and Electric Vehicles Policy. *Energy Policy*, 113: 76-86.

Taha H (2013). The Potential for Air-temperature Impact from Large-scale Deployment of Solar Photovoltaic Arrays in Urban Areas. *Solar Energy*, 91: 358-367.

Teske S (2018). *Achieving the Paris Climate Agreement Goals : Global and Regional 100% Renewable Energy Scenarios with Non-energy GHG Pathways for +1.5°C and +2°C*. Springer Berlin Heidelberg; New York.

Trenberth K E, Fasullo J T, Kiehl J (2009). Earth's Global Energy Budget. *Bulletin of the American Meteorological Society*, 90: 311-323.

UN (2019). *2019 World Economic Situation and Prospects*.

WBG (2018). State and Trends of Carbon Pricing 2018. WBG World Bank Group. (https://www.connect4climate.org/publication/state-and-trends-carbon-pricing-2018.)

Westergard R (2017). *One Planet is Enough: Tackling Climate Change and Environmental Threats through Technology*. Springer Berlin Heidelberg; New York.

WNA (2018). *Nuclear Power is Essential for Energy, Environment and the Economy*. WNA World Nuclear Association. (https://www.world-nuclear.org/press/briefings/nuclear-power-is-essential-for-energy-environment.aspx.)

Zhang X C, Caldeira K (2015). Time Scales and Ratios of Climate Forcing Due to Thermal Versus Carbon Dioxide Emissions from Fossil Fuels. *Geophysical Research Letters*, 42: 4548-4555.

北极星数据研究中心 (2019). 中国风电行业报告 2019.

陈卫东 (2018). 全球能源转型进入快车道：电动汽车不会终结化石能源时代，谁会？ .《财经》2018 年刊特辑 .

董秀成 (2011). 化石能源造就人类现代文明 . (http://dong-xiucheng.blog.sohu.com/277350638.html.)

刘坚，钟财富 (2019). 我国氢能发展现状与前景展望 . 中国能源，2，32-36.

水电水利规划设计总院 (2019). 中国可再生能源发展报告 2018.

汪品先，田军，黄恩清，马文涛 (2018). 地球系统与演变 . 北京：科学出版社 .

王驹，徐国庆，金远新 (1998). 中国高放废物深地质处置研究 . 水文地质工程地质，7-10.

吴吟 (2018). 节能是第一绿色低碳能源 . 能源评论，1-2.

谢来辉 (2012). 为什么欧盟积极领导应对气候变化 . 世界经济与政治，73-91.

中国标准化研究院 (2016). 中国氢能产业基础设施发展蓝皮书 .

中国电力规划设计总院 (2019). 中国能源发展报告 2018.

中国光伏行业协会 (2019). 中国光伏产业发展路线图 .

中国氢能联盟 (2019). 中国氢能源及燃料电池产业白皮书 .

图书在版编目（CIP）数据

气候变化与能源低碳发展 / 王茂华主编 ; 邱林编著
. -- 北京 : 九州出版社, 2019.11 (2020.5 重印)
ISBN 978-7-5108-8481-8

Ⅰ. ①气… Ⅱ. ①王… ②邱… Ⅲ. ①气候变化－普及读物②节能－普及读物 Ⅳ. ① P467-49 ② TK018-49

中国版本图书馆 CIP 数据核字 (2019) 第 256074 号

气候变化与能源低碳发展

| | |
|---|---|
| 作　　者 | 王茂华　主编　　邱　林　编著 |
| 出版发行 | 九州出版社 |
| 地　　址 | 北京市西城区阜外大街甲 35 号 (100037) |
| 发行电话 | (010)68992190/3/5/6 |
| 网　　址 | www.jiuzhoupress.com |
| 电子信箱 | jiuzhou@jiuzhoupress.com |
| 印　　刷 | 三河市九洲财鑫印刷有限公司 |
| 开　　本 | 787 毫米 ×1092 毫米　16 开 |
| 印　　张 | 10.25 |
| 字　　数 | 160 千字 |
| 版　　次 | 2019 年 11 月第 1 版 |
| 印　　次 | 2020 年 5 月第 2 次印刷 |
| 书　　号 | ISBN 978-7-5108-8481-8 |
| 定　　价 | 68.00 元 |

气候变化
与能源低碳发展